流域水文水资源实践与研究

季晓云◎著

河海大學出版社
HOHAI UNIVERSITY PRESS
·南京·

图书在版编目（CIP）数据

流域水文水资源实践与研究 / 季晓云著. -- 南京 ：河海大学出版社，2024. 7. -- ISBN 978-7-5630-9257-4

Ⅰ. P33；TV211

中国国家版本馆 CIP 数据核字第 2024D159F2 号

书　　名/流域水文水资源实践与研究
LIUYU SHUIWEN SHUIZIYUAN SHIJIAN YU YANJIU

书　　号/ISBN 978-7-5630-9257-4

责任编辑/陈丽茹

特约校对/吴秀华

装帧设计/徐娟娟

出版发行/河海大学出版社

地　　址/南京市西康路 1 号(邮编:210098)

网　　址/http://www.hhup.com

电　　话/(025)83737852(总编室)　(025)83722833(营销部)
(025)83787104(编辑室)

经　　销/江苏省新华发行集团有限公司

排　　版/南京月叶图文制作有限公司

印　　刷/苏州市古得堡数码印刷有限公司

开　　本/718 毫米×1000 毫米　1/16

印　　张/9.75

字　　数/190 千字

版　　次/2024 年 7 月第 1 版

印　　次/2024 年 7 月第 1 次印刷

定　　价/68.00 元

前　言

水文是研究水的形成、分布和循环及其运动变化规律的科学，它既是一项古老的专业性工作，又是一项与经济社会发展密切相关的重要基础性工作。在全球气候变化的大背景下，经济社会高质量发展和生态文明建设给水文工作提出了更高的要求，也给水文事业的发展带来了新的机遇和挑战。水资源是基础性的自然资源和战略性的经济资源，也是经济社会发展的重要支撑，还是生态环境的重要控制性因素和国家综合国力的重要组成部分。水文学是水资源学的基础，对流域水资源管理和可持续利用具有重要意义。

《流域水文水资源实践与研究》主要涉及珠江流域和长江流域的水文水资源，包括流域水文特性分析、江河洪水预报、区域水资源开发利用等内容。我于2004年参加工作，先后在广东肇庆水文系统、浙江温州水文系统和江苏南通水利系统工作，从水文站、水文分局，再到水利局的水资源处。我的工作内容涉及水文站“测、算、整、编”基础工作、江河洪水预报方案研究、水文资料整编、水资源宏观管理等方面，工作范围包括山区性河流、平原区河网等，可以说，我的水文水资源管理工作经历是全面而丰富的。在平时的工作中，我注重总结提高，积极撰写技术总结、论文等。2012—2015年在中山大学读研期间，我认真完成硕士毕业论文，将数理统计方法应用于水文长系列数据，研究探索江河水文特性变化规律与影响因素。

作为水利人，我能与那么多的江河相遇，无疑是幸运的。走过的路、看到的风景、遇到的人，都成了我生命中独一无二的宝贵精神财富。特别是这两年我加强水利文化的学习，围绕近代先贤张謇等了解了一些近现代水利史，从史学中获得了很大的精神动力，增强了水利工作的使命感和责任感。这本书的出版，充分体现了我个人的工作和成长经历，是一个总结，更是一个全新的开始。

将此书献给我的父母、爱人和我的一双儿女，感谢我遇到的各位领导、同事和生命中的贵人。感谢父母对我的支持，他们分担了很多家务，使我可以全身心地投入工作；感谢南京水利科学研究院段祥宝老师多年来在我技术论文写作中给予的鼓励和支持；感谢书法家杨谔先生在我刚开始研究水利史时对我的启发和指导；感谢黑龙江大学水利电力学院季山老师在本书内容筛选和编排等方面给予的指导；

感谢出版社编辑陈丽茹在本书排版、审稿等环节给予的帮助。

本书既是我对流域水文特征及水利工作的认识，也是多年工作的经验和体会，内容丰富，可供从事水文水资源、水利相关工作人员学习参考。书中不足之处在所难免，欢迎读者批评指正！

作　者

2024 年 6 月

目　录

第 1 章

水文特性及实例分析

1.1 高要水文站水文特性分析

高要水文站建于 1931 年 7 月，位于西江干流下游，是西江中下游国家级重点控制水文站，具体位置如图 1.1 所示，集雨面积 351 535 km^2。高要水文站测流断面河宽约 900 m，平均水深约 10 m，河道顺直，河床以砂质为主，局部有冲淤。枯季(12 月至次年 2 月)多年平均水位为 0.48 m。当水位低于 3.00 m 时，水位、流量受潮汐周期性明显影响，大潮涨潮期间有负流出现。2004 年 1 月，实测到自中华人民共和国成立以来的最低水位为−0.56 m(冻结基面)。

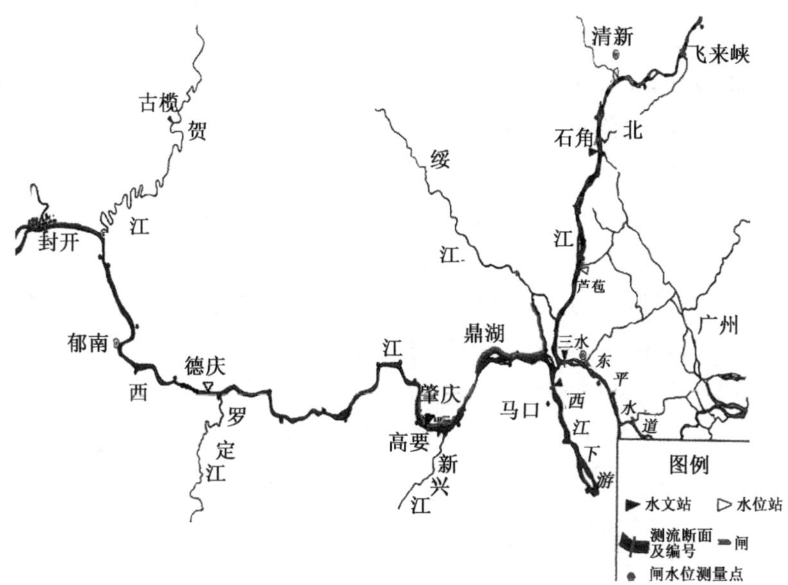

图 1.1　高要水文站地理位置图

1.1.1 高要水文站径流年内分配变化规律浅析

河川径流的年内分布特征不仅影响人类社会系统安全，同时也影响自然生态系统健康。一方面，河川径流的丰枯变化通常导致水资源供需关系的改变并影响水资源的开发利用；另一方面，河川径流的节律性变化影响着与其相关的一系列物理、化学和生物过程。河川径流的年内分配与径流补给条件密切相关，河床径流年内分配特征的变化对应着径流补给条件的变化。在气候变化以及人类活动的干扰下，河川径流的年内分布发生着相应的变化。径流年内分配的变化必然给水资源管理、农业生产以及水生态系统带来一系列的影响。

高要水文站月径流实测资料的分析，可探讨西江径流年内分配的变化规律，为流域的水资源开发利用提供科学依据。

1. 径流年内分配特征的描述方法

径流的变化通常包含“量”和“结构”的变化。前者通常是指径流总量、流量等数值上的变化。而后者则注重从径流过程线的“形状”上来分析，它反映不同时段内径流的比例。此处径流年内分配特征的分析属于后者。径流年内分配特征的标度有多种不同的方法，通常使用较多的有各月(季)占年径流的百分比数、汛期与非汛期占年径流的百分比数等。除了上述方法，为了进一步定量分析高要水文站径流年内分配的变化，此处采用年内不均匀系数、集中度(期)以及变化幅度等不同指标，从不同角度分析径流年内分配特征的变化规律。

(1) 不均匀性。由于气候的季节性波动，气象要素如降水和气温都有明显的季节性变化，从而在相当大程度上决定了径流年内分配的不均匀性。综合反映河川径流年内分配不均匀性的特征值有许多不同的计算方法。本书用径流年内分配不均匀系数 c_v 和径流年内分配完全调节系数 c_r 来衡量径流年内分配的不均匀性。

径流年内分配不均匀系数 c_v 的计算公式如下：

$$c_v = \sigma/\overline{R}, \quad \sigma = \sqrt{\frac{\sum_{t=1}^{12}(R_t - \overline{R})^2}{n-1}}, \quad \overline{R} = \frac{1}{12}\sum_{t=1}^{12}R(t) \qquad (1.1)$$

式中：$R(t)$ ——年内各月径流量；

$\overline{R}$ ——年内月平均径流量。

由式(1.1)中可以看出，c_v 值越大即表明年内各月径流量相差悬殊，径流年内分配越不均匀。

径流年内分配完全调节系数，在有些文献中也称为径流年内分配不均匀系数，开始时作为径流完全调节的一种计算，以后用作年内分配的指标。年内分配完全调节系数的定义如下式：

$$c_r = \sum_{t=1}^{12}\psi(t)[R(t)-\overline{R}]\Big/\sum_{t=1}^{12}R(t),\quad \psi(t)=\begin{cases}0, & R(t)<\overline{R}\\ 1, & R(t)\geqslant\overline{R}\end{cases} \tag{1.2}$$

式中：$R(t)$ ——各月年内径流量；

$\overline{R}$ ——每月平均径流量；

$\psi(t)$ ——符号函数。

高要水文站径流年内分配不均匀性如表 1.1 所示。

表 1.1　高要水文站径流年内分配不均匀性

指　标	时　间					
	多年平均	20 世纪 60 年代	20 世纪 70 年代	20 世纪 80 年代	20 世纪 90 年代	2001—2010 年
c_v	0.73	0.75	0.74	0.60	0.79	0.79
c_r	0.31	0.31	0.33	0.27	0.31	0.32

（2）集中程度。集中度和集中期的计算是将 1 年内各月的径流量作为向量看待，月径流量的大小为向量的长度，所处的月份为向量的方向。从 1—12 月每月的方位角 θ_i 分别为 0°，30°，60°，…，360°，并把每个月的径流量分解为 x 和 y 两个方向上的分量，则 x 和 y 方向上的向量合成分别为：

$$R_x = \sum_{i=1}^{12}R(t)\cos\theta_i,\quad R_y = \sum_{i=1}^{12}R(t)\sin\theta_i \tag{1.3}$$

于是径流的合成为：

$$R = \sqrt{R_x^2 + R_y^2} \tag{1.4}$$

式中：R ——各月径流量。

定义集中度 C_d 和集中期 D 如下式：

$$C_d = R\Big/\sum_{i=1}^{12}R(t),\quad D = \operatorname{arctg}(R_y/R_x) \tag{1.5}$$

由式(1.5)可以看出，合成向量的方位，即集中期 D 指示了月径流量合成后的总效应，也就是向量合成后重心所指示的角度，即表示 1 年中最大月径流量出现的月份。而集中度则放映了集中期径流值占年总径流的比例。从这个角度看，集中度与通常采用的汛期径流占全年径流比有明显的相关关系。高要水文站径流年内分配的集中度和集中期如表 1.2 所示。

表 1.2　高要水文站径流年内分配的集中度和集中期

指　标	时　间					
	多年平均	20 世纪 60 年代	20 世纪 70 年代	20 世纪 80 年代	20 世纪 90 年代	2001—2010 年
C_d	0.47	0.48	0.48	0.40	0.49	0.48
D	8.0	8.0	8.0	7.5	8.0	8.0

(3) 变化幅度。径流变化幅度的大小对于水利调节和水生生物的生长繁殖都有重要影响。一方面，变化幅度过大，水资源的开发利用难度相应增加，水利调节的力度就必须相应加强。另一方面，河川径流形势适当的变化幅度是一些水生生物重要的生存条件，过于平稳或者过于激励的变化则可能导致水生生物环境的破坏，威胁生态安全。

此处用两个指标来衡量河川径流的变化幅度：一个是相对变化幅度，即取河川径流最大月流量 ($Q_{\max}$) 和最小月流量 ($Q_{\min}$) 之比，如式(1.6)；另一个是绝对变化幅度，即最大最小月河川径流之差，定义如式(1.7)。高要水文站径流年内变化幅度见表 1.3。

$$C_m = Q_{\max}/Q_{\min} \tag{1.6}$$

$$\Delta Q = Q_{\max} - Q_{\min} \tag{1.7}$$

表 1.3　高要水文站径流年内变化幅度

指　标	时　间					
	多年平均	20 世纪 60 年代	20 世纪 70 年代	20 世纪 80 年代	20 世纪 90 年代	2001—2010 年
C_m	8.09	9.25	8.85	5.61	9.39	8.79
$(\Delta Q/\mathrm{m}^3)/\mathrm{s}$	1 400	1 390	1 490	980	1 830	1 500

2. 结果分析

从表 1.1 可以看出，高要水文站径流年内分配的不均匀性，无论是年内分配不均匀系数还是年内分配完全调节系数，都是 20 世纪 80 年代最小；而 20 世纪 90 年代以来年内分配不均匀系数表现为最高，年内分配完全调节系数是 20 世纪 70 年代最高。

从径流年内分配的集中性来看(表 1.2)，高要水文站径流年内分配集中度 20 世纪 90 年代以前较小，90 年代以后较大；就集中期而言，高要水文站径流年内分配大部分集中在每年 8 月初。

从径流年内变化幅度看(表 1.3)，20 世纪 80 年代相对变化幅度和绝对变化幅度最低，20 世纪 90 年代最高。

总体上来看(图 1.2)，高要水文站的径流年内分配 20 世纪 70 年代和 90 年代较为相似，其峰值出现在每年 7 月份；20 世纪 80 年代和 2001—2010 年较为相似，其峰值出现在每年 6 月。由图 1.2 还可以看出，高要水文站 20 世纪 90 年代 7 月径流量最大。

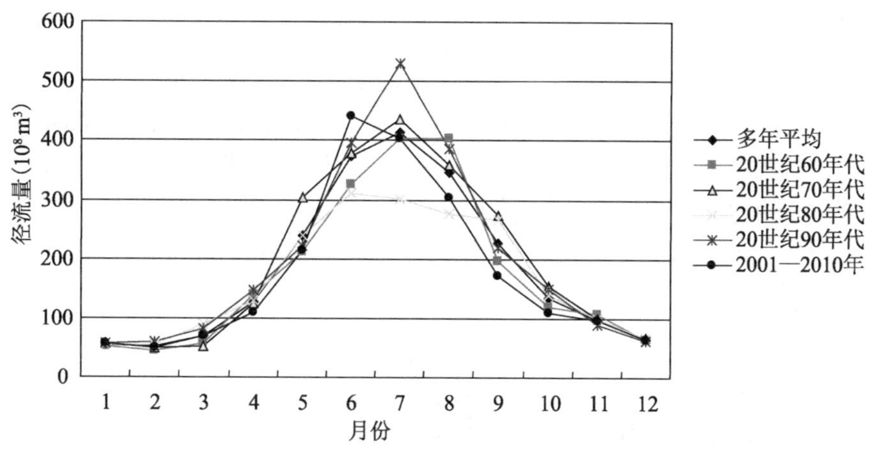

图 1.2　高要水文站径流年内分配特征

必须指出，此处只是应用有限的指标来衡量径流年内分配的特征及其变化规律。由以上分析结果可以看出，各指标之间存在一定相关性，但各指标又不能完全相互替代，它们从不同侧面反映了径流年内分配特征。因此，为更加科学准确地把握径流的年内分配特征，必须进一步研究更合适的指标或方法，同时分析径流年内分配特征变化的原因及其社会经济和生态环境效应也是值得今后继续深入研究的内容。

1.1.2 高要水文站潮汐规律浅析

1. 高要水文站潮汐现象

潮汐是一种自然现象，是指海水在天体（主要是月球和太阳）引潮力作用下所产生的周期性运动，古代称白天为“潮”，晚上为“汐”，合称为“潮汐”。对潮汐影响最大的是月球。

水位上升为涨潮，水位下降为落潮。涨潮所达到的最高水位称高潮或满潮，落潮所达到的最低水位称低潮或干潮。在达到高、低潮时，水面在一极短时间内停止涨落，称为憩潮或平潮。前后相邻的高、低潮水位差为潮差。相邻两次高潮位或低潮位的时间间隔称潮周期。高要水文站大潮时间为农历初三和十八，比河口区推迟 3 天。

2. 高要水文站潮汐类型及规律

高要水文站潮汐属混合潮型，在一个太阴日内两涨两落，且 2 次高潮和 2 次低潮均不相同，潮差和历时也不相等。潮差的大小是衡量河口潮汐强弱的一个重要标准，在每个农历月内，潮差随大小潮汛逐日变化，潮流强度发生 2 次半月周期变化。高要水文站历年平均潮差小于 1 m，属弱潮河口。以高要水文站 2011 年 3 月 1—10 日高低潮水位资料为例，其高低潮水位、高高潮水位、低低潮水位过程线分别如图 1.3、图 1.4 和图 1.5 所示，潮差及历时计算如表 1.4 所示。

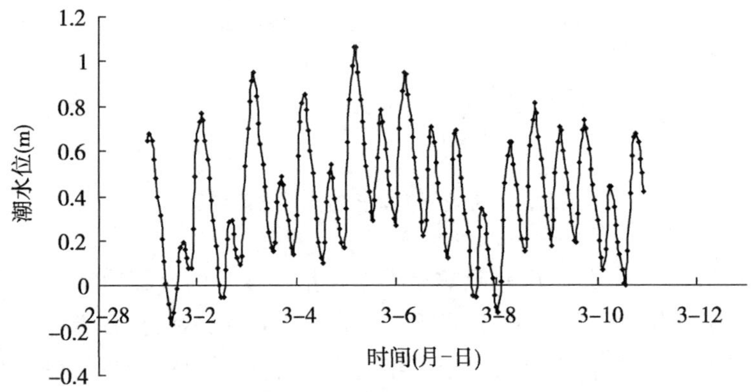

图 1.3 高要水文站 2011 年 3 月 1—10 日潮水位过程线图

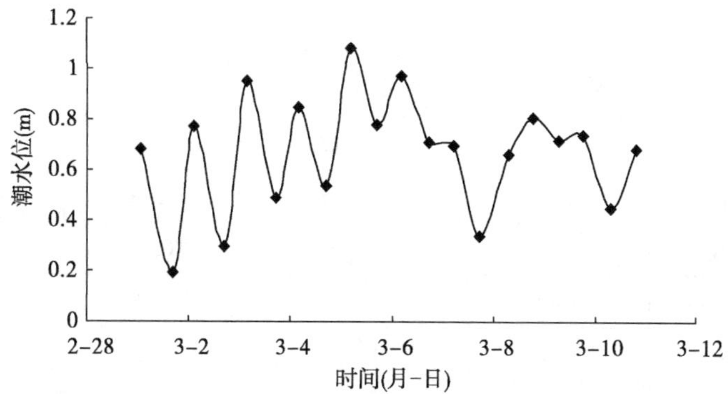

图 1.4　高要水文站 2011 年 3 月 1—10 日高潮潮水位过程线

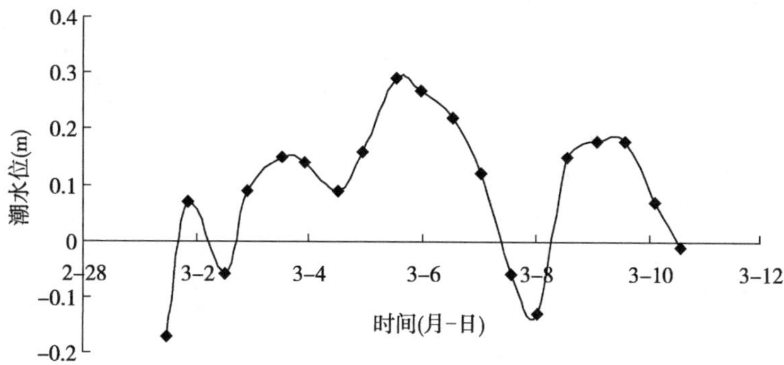

图 1.5　高要水文站 2011 年 3 月 1—10 日低潮潮水位过程线

表 1.4　高要水文站 2011 年 3 月 1—10 日潮差及历时计算表

日期	潮别	潮位(m)	时间(h:min)	潮差(m)	历时(h:min)
1	高	0.68	01:00		
	低	−0.17	11:55	0.85	10:55
	高	0.19	16:45	0.36	04:50
	低	0.07	20:25	0.12	03:40
2	高	0.77	02:10	0.70	05:45
	低	−0.06	12:25	0.83	10:15
	高	0.30	16:40	0.36	04:15
	低	0.09	21:40	0.21	05:00

续表

日期	潮别	潮位(m)	时间(h:min)	潮差(m)	历时(h:min)
3	高	0.95	03:50	0.86	06:10
	低	0.15	12:55	0.80	09:05
	高	0.49	17:00	0.34	04:05
	低	0.14	22:45	0.35	05:45
4	高	0.85	03:50	0.71	05:05
	低	0.09	12:40	0.76	08:50
	高	0.54	16:45	0.45	04:05
	低	0.16	22:45	0.38	06:00
5	高	1.08	04:30	0.92	05:45
	低	0.29	12:55	0.79	08:25
	高	0.78	17:00	0.49	04:05
	低	0.27	23:50	0.51	06:50
6	高	0.97	04:25	0.70	04:35
	低	0.22	13:05	0.75	08:40
	高	0.71	16:50	0.49	03:45
7	低	0.12	00:45	0.59	07:55
	高	0.70	04:35	0.58	03:50
	低	−0.06	13:35	0.76	09:00
	高	0.34	17:10	0.40	03:35
8	低	−0.13	00:40	0.47	07:30
	高	0.66	06:30	0.79	05:50
	低	0.15	13:05	0.51	06:35
	高	0.81	18:10	0.66	05:05
9	低	0.18	01:50	0.63	07:40
	高	0.72	06:20	0.54	04:30
	低	0.18	13:35	0.54	07:15
	高	0.74	18:05	0.56	04:30

续表

日期	潮别	潮位(m)	时间(h:min)	潮差(m)	历时(h:min)
10	低	0.07	02:55	0.67	08:50
	高	0.45	06:30	0.38	03:35
	低	−0.01	13:40	0.46	07:10
	高	0.68	18:55	0.69	05:15

由图 1.3 至图 1.5 和表 1.4 可以看出变化规律：在一个太阴日内，第 1 次高潮和第 2 次高潮或低潮的高度不等，平均涨、落潮潮差均为 0.58 m。高潮潮水位的变化范围为 0.19～1.08 m，低潮潮水位的变化范围为−0.17～0.29 m。因受河道地形和上游水流的影响，沿河各处平均涨落潮历时为 6 h 10 min，其中涨潮平均历时为 4 h 40 min，落潮平均历时为 7 h 39 min。

采用西江下游马口水文站（马口水文站位置可参阅图 1.1 所示高要水文站地理位置图）同期的潮水位资料进行对比分析，可以看出高潮水位和低潮水位下游均低于上游；潮差不论是涨潮差或落潮差，下游都大于上游。高、低潮的间隙是下游小而上游大，涨落潮历时之和为一个潮波周期，潮波沿河道向上游推进时，受河道地形和上游来水影响逐渐展开，涨潮波越往上越陡，落潮波则相反，越往上越缓，因而涨潮历时下游大于上游，落潮历时下游小于上游。

3. 与同期历史资料对比分析

收集整理的高要水文站 2001—2011 年 3 月潮位资料，统计高低潮位、潮差、历时等特征值，具体数值如表 1.5 所示，不难看出，随着时间的推移，高高潮位和低低潮位均变大，涨、落潮差的总体趋势是减小，涨、落潮历时减少。

表 1.5　高要水文站潮汐特征值对比

年份	高高潮位(m)	低低潮位(m)	涨潮潮差(m)		落潮潮差(m)		涨潮历时(h:min)		落潮历时(h:min)	
			最大	最小	最大	最小	最大	最小	最大	最小
2011 年	1.61	−0.20	0.92	0.03	0.87	0.03	12:10	01:05	17:55	01:25
2001—2011 年	1.33	−0.28	1.09	0.05	0.98	0.02	13:14	02:18	17:39	01:54

4. “三界”上移及其主要影响因素初步分析

近年来“三界”（潮区界、潮流界和咸水界简称“三界”）有明显上移的现象，西、北江三角洲咸潮活动日渐加剧。

陆永军等在《珠江三角洲网河低水位变化》一书中分析了 20 世纪 80 年代西、北江“三界”的主要活动范围(表 1.6)。在此之前,由于河口三角洲网河的自然淤积向海区延伸,潮区界、潮流界和咸水界具有随之缓慢向海推进的趋势;但 20 世纪 90 年代以来,潮区界、潮流界和咸水界却向陆回溯,具有明显上移的趋势,表现为与自然过程相逆的异变和突变。据 2005 年的实测资料分析,枯水期西江的潮区界上移至肇庆市封开县附近河段,潮流界由肇庆市三榕峡上移至肇庆市德庆县悦城镇附近。

表 1.6　西、北江各主干水道的潮区界、潮流界和咸水界一览表

水系	洪水期			枯水期		
	潮区界	潮流界	咸水界	潮区界	潮流界	咸水界
西江	外海	灯笼山	拦门沙 (石栏洲南)	梧州—德庆	三榕峡	挂定角
北江	三善滘	洪奇门、蕉门 沙湾以外	拦门沙 (淇澳岛东)	芦苞—马房	马房—三水	万顷沙西

近年来“三界”上移的主要原因可能是自 20 世纪 80 年代中期以来,大规模河道采砂、航道整治等人类活动不断加剧,使得珠江三角洲及河口地区的河道河床普遍下切,深槽加深。对比 2005 年与 1999 年的河道地形,西江干流平均下切 2.0 m。珠江三角洲网河水道下切、河口及口外浅海区深槽加深,使盐水容易上溯,加重了咸潮影响。此外,河床采砂等人为活动也引起网河区主要控制节点的分流比发生明显改变,改变了入海口及各汊道的径、潮对比,这也是造成部分水道咸潮活动加剧的重要因素。从动力上分析,由于盐度水平变化产生的斜压压强梯度力与水深成正比,河槽浚深会引起梯度力增加,也是加大咸潮影响程度的另一个重要原因。此外,海平面上升,而珠江河口区底坡又较平缓,使咸潮入侵随之增强,这也是不可忽视的影响因素之一。

注:第 1.1.2 节“高要水文站潮汐规律浅析”涉及的水位数据采用的是冻结基面。冻结基面与珠江基面换算公式为:冻结基面以上米数+0.006 m=珠江基面以上米数。

1.2　罗定江流域水文特性分析

罗定江(南江)是西江右岸一级支流,发源于广东省信宜市鸡笼山。从信宜流入境内罗定市，流经罗定城区，在郁南县的南江口镇汇入西江。流域集水面积为 4 493 km^2，在云浮市境内的流域面积为 3 712 km^2，占总面积的 82.6%。河流全长 201 km，在罗定市境内河长 81 km。河床平均比降为 0.867‰，总落差 174.3 m。流域内 100 km^2 以上支流共 11 条，其中一级支流 7 条，二级支流 4 条。土壤以红壤、黄壤、紫色土和水稻土为主，成土母质主要由紫红色粗砂岩、细砂岩、紫红色角砂岩和花岗岩等组成。由于历史上不合理开荒，乱砍滥伐山林，罗定江流域水土流失十分严重，在广东省内有“小黄河”之称。罗定江流域水系分布如图 1.6 所示，罗定江流域 100 km^2 以上河流特征统计如表 1.7 所示。

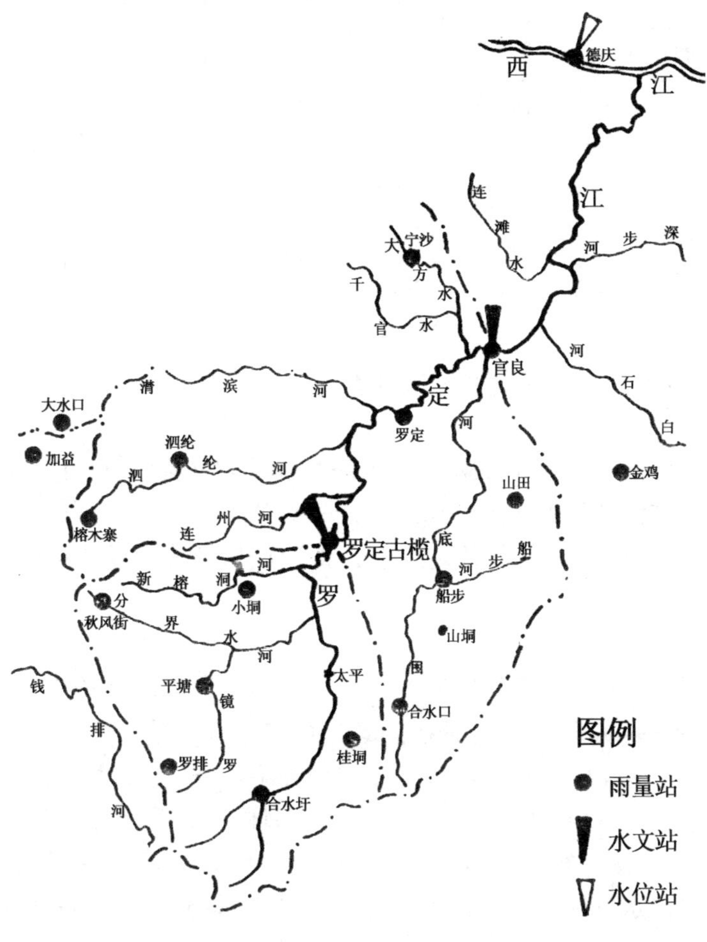

图 1.6　罗定江流域示意图

表 1.7　罗定江流域 100 km² 以上河流特征统计表

干流	一级支流	二级支流	集水面积(km²)	河长(m)	平均坡降(‰)
罗定江	罗镜河		354	41	6.90
		分界水	119	21	8.76
	新榕洞河		126	36	9.45
	连州河		102	33	5.76
	泗纶河		464	60	3.29
		都门水	147	25	4.20
	潸滨河		307	46	3.02
		新乐水	136	33	6.36
	围底河		824	85	1.82
		船步河	216	29	12.2
	白石河		440	55	3.52

1.2.1　罗定江流域水文特性概况

根据罗定江流域 10 个代表水文站 40 多年历史水文资料，利用水文统计方法，简单分析罗定江流域降水、径流、蒸发、泥沙等水文特征的变化分布规律，为合理开发利用罗定江水资源以及做好罗定江流域水土保持、环境治理等方面提供基本水文依据。

1. 降水

罗定江流域多年平均降雨量为 1 505 mm。由于地势、自然条件不同，降雨量差异大，西南部多，东北部少，南部降水量可达北部的 1.4 倍。

(1) 降水量的年内分配。降水量年内分配不均，降雨多集中在每年的 4—9 月，该时段内降水量占年降水量的 76%～81%，且降雨有明显的前后汛期之分，前汛期(4—6 月)一般为峰面雨，后汛期(7—9 月)一般为台风雨。冬春降水稀少，11 月至次年 3 月降水量仅占年降水量的 19%～24%。最大月降水量一般出现在 5—8 月，4 个月降水量之和约占年降水量的 56%～60%；最小月降水量多出现在 12 月至次年 1 月，2 个月降水量仅占年降水量的 4%～5%。罗定江流域多年平均降水量年内分配如表 1.8 所示。

表 1.8 罗定江流域多年平均降水量年内分配表

站名	资料年限（年）	项目	各月降水量(mm)												年降水量（mm）	5—8月占年量(%)
			1	2	3	4	5	6	7	8	9	10	11	12		
秋风街	45	降水量	44.0	62.9	77.3	159.4	269.6	268.9	269.7	315.8	229.8	100.5	46.1	31.9	1 875.9	59.9
		占年量(%)	2.3	3.4	4.1	8.5	14.4	14.3	14.4	16.8	12.3	5.4	2.5	1.7		
官　良	47	降水量	41.0	55.6	61.5	152.2	194.4	181.3	173.9	180.9	133.9	60.2	34.7	24.4	1 294.0	56.4
		占年量(%)	3.2	4.3	4.8	11.8	15.0	14.0	13.4	14.0	10.3	4.7	2.7	1.9		
合水口	45	降水量	40.6	56.7	68.4	151.4	211.3	216.6	219.0	261.5	202.0	119.0	43.3	34.2	1 624.0	55.9
		占年量(%)	2.5	3.5	4.2	9.3	13.0	13.3	13.5	16.1	12.4	7.3	2.7	2.1		
合水圩	45	降水量	55.9	90.8	97.9	173.4	240.0	251.2	247.2	311.7	206.9	113.6	56.5	36.3	1 881.4	55.8
		占年量(%)	3.0	4.8	5.2	9.2	12.8	13.4	13.1	16.6	11.0	6.0	3.0	1.9		
加　益	47	降水量	45.8	64.6	69.8	165.4	244.6	233.8	214.5	242.1	165.3	77.8	38.3	28.2	1 590.2	58.8
		占年量(%)	2.9	4.1	4.4	10.4	15.4	14.7	13.5	15.2	10.4	4.9	2.4	1.8		
沙　口	46	降水量	44.5	56.3	63.7	152.8	240.0	208.7	180.6	221.9	140.0	67.2	35.8	26.6	1 438.1	59.2
		占年量(%)	3.1	3.9	4.4	10.6	16.7	14.5	12.6	15.4	9.7	4.7	2.5	1.8		
船　步	40	降水量	23.2	67.8	61.4	124.3	214.1	171.4	158.2	176.4	142.4	93.2	29.7	18.5	1 280.6	56.2
		占年量(%)	1.8	5.3	4.8	9.8	16.7	13.4	12.4	13.8	11.1	7.3	2.3	1.4		
金　鸡	46	降水量	32.4	49.8	60.0	136.9	202.7	194.7	170.9	187.4	140.3	59.9	34.7	23.5	1 293.2	58.4
		占年量(%)	2.5	3.9	4.6	10.6	15.7	15.1	13.2	14.5	10.8	4.6	2.7	1.8		
罗定古榄	47	降水量	41.9	62.8	71.5	158.9	226.9	206.0	190.1	213.9	167.7	85.9	42.7	27.6	1 495.9	55.9
		占年量(%)	2.8	4.2	4.8	10.6	15.2	13.8	12.7	14.3	11.2	5.7	2.9	1.8		
罗　定	45	降水量	40.7	53.9	61.2	139.0	196.6	187.0	158.8	184.0	133.3	67.5	36.6	23.8	1 282.4	56.6
		占年量(%)	3.2	4.2	4.8	10.8	15.3	14.6	12.4	14.3	10.4	5.3	2.9	1.9		

(2) 降水量的年际变化。流域内年降水量年际变化比较明显，全流域内最大、最小年降水量差值在1.19～2.94倍之间，历年降水量变差系数 C_v 值在0.21～0.27之间。罗定江流域主要控制站降水量年际变化统计如表1.9所示。

2. 径流

罗定江流域径流主要来源于降水补给，河川基流小、洪峰水量集中，洪峰水量的大小取决于降水。因此，河川径流的变化与降水存在明显的对应关系。也可以说，降水的时空分布决定了径流在年内、年际及时段上的分配特征。

罗定江流域径流量的年内分配很不均匀，汛期的4—10月占全年总径流量的80%左右，最大月径流量一般发生在5—8月，非汛期月份径流量较小。因降水的年际变化较大，径流又主要靠降水补给，所以径流的年际变化也较大，最大年径流量是最小年径流量的3倍左右。

3. 蒸发

根据罗定古榄水文站1964—2006年的实测资料统计分析，罗定江流域多年平均年水面蒸发量(E-601B型蒸发器)约1 130 mm，年际变化一般在811.4～1 761.2 mm；蒸发主要集中在4—10月，年内分配最大为240.8 mm(1964年7月)，最小为24.5 mm(1985年2月)，如表1.10所示。

4. 泥沙

从罗定江主要控制站官良水文站1976—2006年的实测泥沙资料分析可知，输沙量的年际变化和年内分配不均匀性比径流量大。最大年输沙量与最小年输沙量之比约为50，输沙量的年内分配主要集中在5—9月，占年输沙量的76.71%，其中5月输沙量最大，占年输沙量的20.50%，如表1.11所示。

在官良水文站测得最大断面平均含沙量达18.1 kg/m^3，最大侵蚀模数为1985年1 170 t/km^2，最大年输沙量为1985年369万t，最大日平均输沙率为1985年4月13日4 910 kg/s。

1.2.2 罗定江流域降水蒸发变化特征研究

区域降水、蒸发的特性研究，对防灾减灾等起到非常重要的作用。许多专家已经陆续开展了这方面的研究工作。杨建平研究了中国北方近40年降水量与蒸发量变化；周建康等分析了南京市六合区降水蒸发规律，指出六合区的年降水量从1960年以来呈明显上升趋势，蒸发量从1980年开始呈下降趋势；任健美等研究了汾河流域降水量与蒸发量的空间变异特性，指出该流域多年平均降水量具有明显的地带性，蒸发量地带性不强。张强等采用新疆53个水文站1957—2009年降水

表 1.9　罗定江流域主要控制站降水量年际变化统计表

站名	多年平均降水量(mm)	历年最大		历年最小		比值	C_v	资料年限(年)
		年份	年降水量(mm)	年份	年降水量(mm)			
秋风街	1 876	1985	3 098	1977	964	3.21	0.27	45
官　良	1 295	1981	1 979	1977	690	2.87	0.21	47
合水口	1 624	1981	2 311	1977	923	2.50	0.24	45
合水圩	1 881	1997	2 643	1999	1 208	2.19	0.22	45
加　益	1 590	1981	2 508	1962	1 028	2.44	0.22	46
沙　口	1 438	1981	2 110	1961	776	2.72	0.22	45
船　步	1 227	1983	2 662	1999	675	3.94	0.25	40
金　鸡	1 293	1965	2 112	1962	853	2.48	0.23	46
罗定古榄	1 496	1985	2 104	1977	846	2.49	0.21	47
罗　定	1 282	1983	2 003	1977	845	2.37	0.26	45

表 1.10　罗定古榄站蒸发量统计表

站名	水面蒸发量(mm)			资料年限	备　注
	多年平均年蒸发量	月最大	月最小		
罗定古榄	1 130	240.8	24.5	43	罗定古榄站设立于 1960 年 8 月，原采用直径 20 cm 的蒸发器测量蒸发量，后于 1996 年 1 月改为使用 E－601B 型的蒸发器。

表 1.11　罗定江官良站多年平均水沙年内分配表

项目		月份												全年	连续最大5个月	时间
		1	2	3	4	5	6	7	8	9	10	11	12			
沙量	(10^4 t)	0.71	1.03	3.44	14.48	24.94	14.43	16.20	20.59	17.17	8.28	0.40	0.00	121.67	93.33	5—9 月
	(%)	0.58	0.85	2.83	11.90	20.50	11.86	13.31	16.92	14.11	6.81	0.33	0	100	76.71	

资料，用多个降水指数分析了极端降水情况。

本研究根据罗定江流域 17 个降水观测点 1966—2012 年的降水资料和 1 个蒸发观测点的同步资料，对降水量和蒸发量的自然特征和其变化趋势进行了分析，为罗定江流域水资源保护、利用，防止水旱灾害以及工程规划、建设等提供科学依据。

1. 研究方法

（1）变差系数法。变差系数表示标准差相对于平均数大小的相对量，其公式为：

$$CV=\frac{\sigma}{x} \tag{1.8}$$

式中：CV ——变差系数；

σ ——标准差；

x ——平均值。

本研究主要是利用变差系数来衡量罗定江流域的降水、蒸发序列年内、年际分配的均匀程度。变差系数值越接近 1.0，说明降水分配越不均匀；变差系数值越接近 0.0，说明降水分配越均匀。

（2）Mann-Kendall 法。Mann-Kendall 法是一种非参数统计检验方法（M-K），是世界气象组织推荐的对环境数据时间序列趋势分析的一种方法，在水文、气象时间序列趋势分析中得到广泛应用。本研究主要是利用 M-K 法判断罗定江流域的降水、蒸发序列是否存在显著趋势特征，上升或下降。

2. 结果与分析

（1）降水与蒸发年际变化特征。统计计算表明，罗定江流域 1966—2012 年的年降水量年际变化较大，年降水量在 911.8～2 098.9 mm 之间，多年平均降水量为 1 489.9 mm。年最大降水量 2 098.9 mm，出现在 1981 年；年最小降水量 911.8 mm，出现在 1977 年。由罗定江流域内各站点的年际降水量的变差系数可知，降水年际分配不均匀，变差系数在 0.19～0.32 之间，最大值是最小值的 1.68 倍。

罗定江流域多年蒸发量在 811.4～1 707.3 mm 之间，多年平均蒸发量为 1 082.2 mm。年最大蒸发量 1 707.3 mm，出现在 1966 年；年最小蒸发量 811.4 mm，出现在 2000 年。年际蒸发量变差系数为 0.21，最大值是最小值的 2.10 倍。

（2）降水与蒸发年内分配特征。经统计分析，罗定江流域 1966—2012 年年内降水分配如图 1.7 所示，年内降水不均匀。年内降水主要集中在 4—9 月，降水量占全年降水量的 78.1%。多年平均月最大降水量出现在 5 月，降水量占全年降水量的 15.6%；多年平均月最小降水量出现在 12 月，降水量仅占 1.9%。

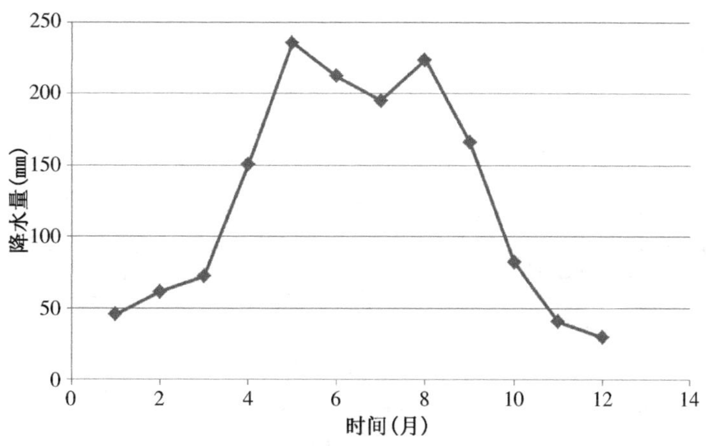

图 1.7　罗定江流域降水年内分配

流域内各观测点多年降水的月平均值年内分配极不均匀，月平均降水量的变差系数在 0.54～0.68 之间，月平均最大降水量与最小降水量的比值在 6.5～10.1 之间。流域内各站点在相同月份及不同年份又有大的差异，如表 1.12 所示。各月的变差系数在 0.09～0.27 之间，月平均最大降水量与最小降水量的比值在 0.7～2.3 之间。

表 1.12　1966—2012 年罗定江流域月平均降水量和变差系数

特征值	1月	2月	3月	4月	5月	6月	7月	8月	9月	10月	11月	12月
平均(mm)	45.6	61.3	72.2	150.5	235.4	212.0	195.0	223.3	166.1	82.4	40.2	29.4
变差系数	0.17	0.19	0.14	0.09	0.11	0.12	0.16	0.23	0.20	0.27	0.20	0.18
最大值(mm)	65.2	89.6	97.9	175.3	288.6	181.8	267.1	328.2	220.6	123.3	54.7	39.7
最小值(mm)	28.0	47.3	61.3	126.1	200.8	277.1	161.7	174.1	116.4	53.2	28.1	22.3
最大/最小	2.3	1.9	1.6	1.4	1.4	0.7	1.7	1.9	1.9	2.3	1.9	1.8

罗定江流域年内蒸发分配如图 1.8 所示，年内蒸发不均匀。夏季气温高，蒸发量大；冬季气温低，蒸发量少。多年平均月最大蒸发量出现在 7 月，蒸发量占全年蒸发量的 12.5%；多年平均月最小蒸发量出现在 2 月，占全年蒸发量的 4.6%。

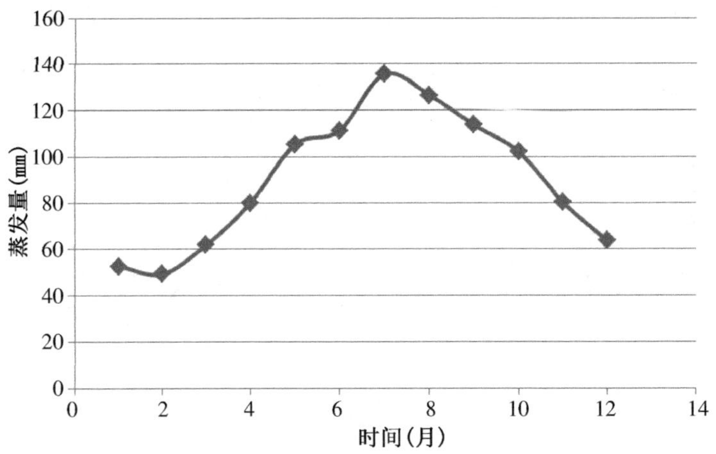

图 1.8 罗定江流域蒸发年内分配

(3) 降水与蒸发趋势分析。1966—2012 年罗定江流域年降水量曲线图如图 1.9 所示，流域降水量年际动态总体呈现阶段性高低交错状态。20 世纪 60 年代中期到 80 年代初期年降水量在频繁波动中由低向高变化，20 世纪 80 年代后期到 21 世纪初，年降水量先出现相对较大的下降态势，而后呈现整体上升的状态。降水量变化序列可分成三个阶段：1966—1980 年、1981—1986 年和 1987—2012 年，降水量变化趋势分别是上升、下降、上升，分别统计其特征值，如表 1.13 所示。

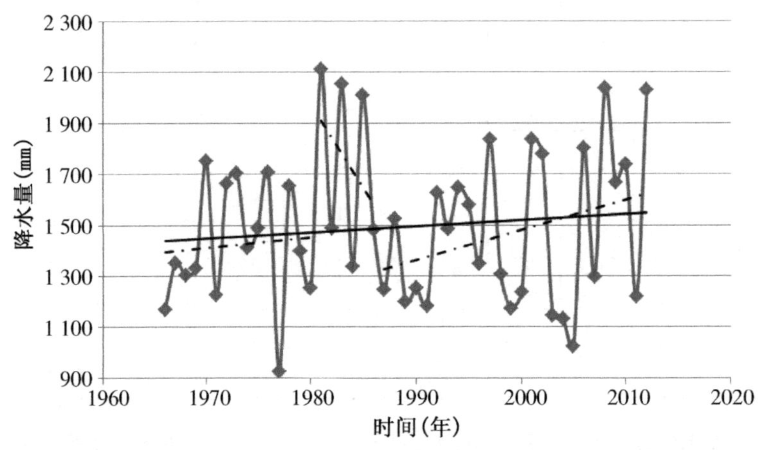

图 1.9 罗定江流域年降水量变化曲线

表 1.13　罗定江流域各时段降水、蒸发特征值

时段	年最大降水量(mm)	年最小降水量(mm)	多年平均降水量(mm)	年最大蒸发量(mm)	年最小蒸发量(mm)	多年平均蒸发量(mm)
1966—1980 年	1 750.5	928.2	1 422.4	1 707.3	882.6	1 318.9
1981—1986 年	2 109.2	1 336.8	1 746.6	1 222.4	878.5	987.1
1987—2012 年	2 036.9	1 023.0	1 475.0	1 160	811.4	967.2

由图 1.10 可知，罗定江流域多年年蒸发量总体趋势下降，各阶段基本与降水量的趋势相反，亦分为三个时段，统计其特征值如表 1.13 所示。

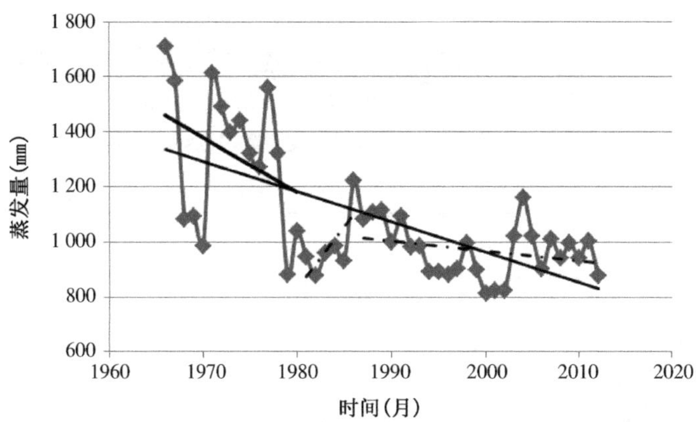

图 1.10　罗定江流域年蒸发量变化曲线

采用 M-K 检验方法对罗定江流域的年降水量和年蒸发量时间序列进行非参数统计检验如图 1.11 和图 1.12 所示，结果显示：年降水正态分布的统计量 Z 为 0.284 3，大于 0，表明年降水量是增加趋势，但是增加趋势无显著性；年蒸发正态分布的统计量 Z 为−0.204 1，小于 0，表明年蒸发量是减少趋势，但减少趋势显著。

(4) 干旱指数分析。干旱指数是反映气候干旱程度的指标，通常定义为年蒸发能力和年降水量的比值，

即：

$$r = E_0 / P \tag{1.9}$$

式中：r ——干旱指数；

E_0——年蒸发能力，常以 E-601 水面蒸发量代替(mm)；

P ——年降水量(mm)。

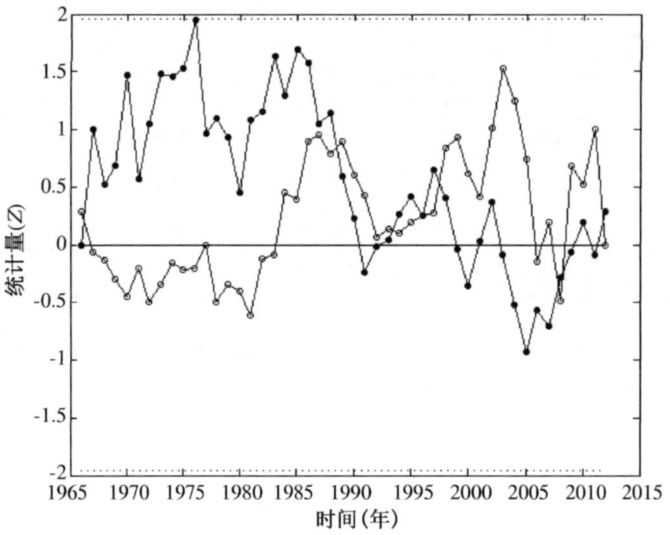

图 1.11　罗定江流域年降水量 M－K 检验结果

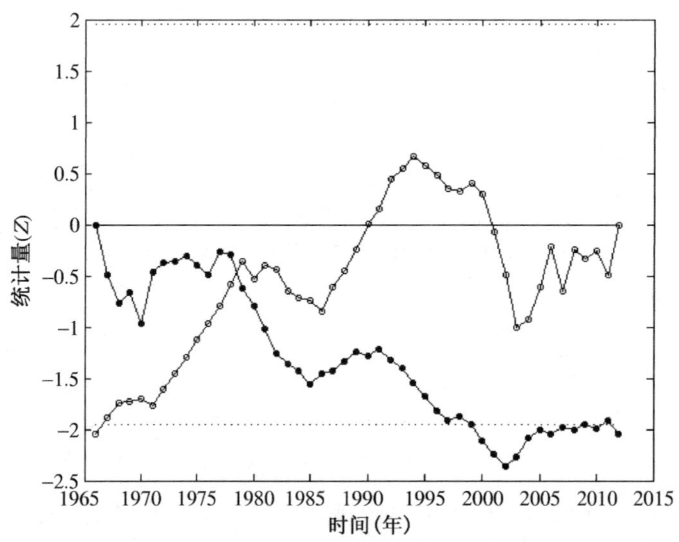

图 1.12　罗定江流域年蒸发量 M－K 检验结果

当 r 小于 1.0 时，表示该区域蒸发能力小于降水量，该地区为湿润气候。当 r 大于 1.0 时，即蒸发能力超过降水量，说明该地区偏于干燥，r 越大，即蒸发能力超过降水量越多，干燥程度就越严重。

经统计分析，罗定江流域多年平均干旱指数为 0.76，这与罗定江流域属湿润地区相吻合。从 1966—2012 年各年度的干旱指数来看，偏干旱的年份有 6 年，干旱指数最大值为 1.68，发生在 1977 年，其余各年分别为 1966 年、1967 年、1971 年、1974 年、2004 年。偏湿润的年份有 41 年，干旱指数最小为 0.43，发生在 2012 年。

从干旱指数 5 年滑动平均值的变化曲线(图 1.13)可知，20 世纪 80 年代以后的干旱指数总体趋势减少，主要是 80 年代以后的蒸发量减少，而降水量总体增加。2007 年以后干旱指数又开始下降。

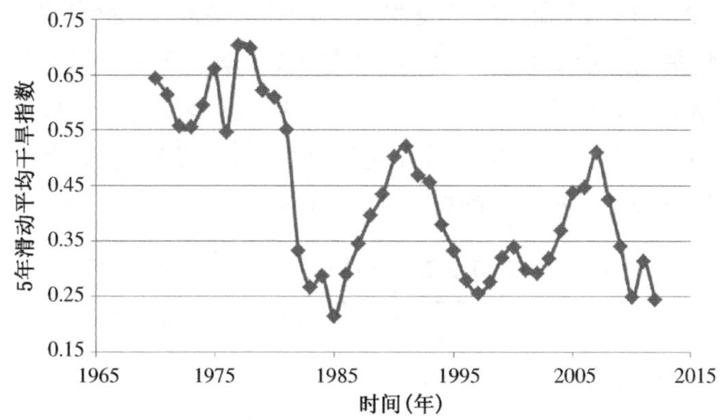

图 1.13　蒸发量 5 年滑动平均干旱指数变化曲线

3. 结论

分析流域降水、蒸发变化规律是研究河川径流变化、合理安排工农业生产和建设的基础。通过对罗定江流域 19 个雨量站点和 1 个蒸发站点的月、年降水和蒸发资料统计分析，得出以下结论：

(1) 降水量和蒸发量的年际变化大，年降水量 928.2～2 109.2 mm，多年平均降水量 1 492.9 mm；年蒸发量 811.4～1 707.3 mm，多年平均蒸发量 1 082.2 mm。M－K 法检验，多年降水量值呈上升趋势无显著性、多年蒸发量值呈下降趋势并有显著性。

(2) 降水量和蒸发量年内分配不均，降水主要集中在 4—9 月，占全年的 78.1%；蒸发量主要集中在 5—10 月，占全年的 64.2%。

(3) 多年平均干旱指数为 0.76，总体呈下降趋势。历史上罗定江流域称为“苦旱区”，随着时间的推移，流域呈现较为湿润的趋势，这一变化值得重视，需要在以后的工作中加强总结和分析，进一步为罗定江流域水资源保护、利用、防止灾害等提供科学依据。

1.2.3　罗定江河流泥沙输移特性分析

历史上不合理开荒，乱砍滥伐山林，导致罗定江流域水土流失十分严重，在广东省内有“小黄河”之称。官良水文站为罗定江的主要控制站，集水面积为 3 164 km²，占整个流域的 70.4%。在官良水文站测得最大断面平均含沙量达 18.1 kg/m³，最大侵蚀模数为 1985 年的 1 170 t/km²，最大年输沙量为该年的 369 万 t，最大日平均输沙率为 1985 年 4 月 13 日的 4 910 kg/s。

1. 罗定江输沙量的时空分布

(1) 输沙量的年内分配。从官良水文站 1976—2006 年的实测泥沙资料分析可知，该站多年平均连续最大 5 个月(5—9 月)输沙量占年输沙量的 76.71%，其中 5 月输沙量最大，占年输沙量的 20.50%；多年平均连续最大 5 个月(5—9 月)径流量占年径流量的 59.03%。其中 8 月径流量最大，占年径流量的 12.88%。通过比较，可见输沙量与径流量年内分配较集中，具体情况见表 1.14。

表 1.14　罗定江官良水文站多年平均水沙年内分配

项目		月份						全年	连续最大5个月	时间
		1	2	3	4	5	6			
沙量	(10^4 t)	0.71	1.03	3.44	14.48	24.94	14.43	121.67	93.33	5—9 月
	(%)	0.58	0.85	2.83	11.90	20.50	11.86	100	76.71	
水量	(10^8 m³)	1.21	1.13	1.21	1.97	3.04	3.04	27.02	15.95	
	(%)	4.48	4.18	4.48	7.29	11.25	11.25	100	59.03	
项目		月份						全年	连续最大5个月	时间
		7	8	9	10	11	12			
沙量	(10^4 t)	16.20	20.59	17.17	8.28	0.40	0	121.67	93.33	5—9 月
	(%)	13.31	16.92	14.11	6.81	0.33	0	100	76.71	
水量	(10^8 m³)	3.01	3.48	3.38	2.63	1.59	1.33	27.02	15.95	
	(%)	11.14	12.88	12.51	9.73	5.88	4.92	100	59.03	

(2) 输沙量的年际变化。官良水文站历年径流量、输沙量过程线如图 1.14 所示，历年输沙量的变化与径流量的变化过程相似，并呈不规则周期变化。官良水文站输沙量的年际变化变差系数 C_v 高达 0.79，而年径流量的变差系数 C_v 为 0.33(见表 1.15)。从表中可知，年输沙量的最大与最小比值的年际变化为 50 倍左右，而径流量的年际变化仅为 3 倍左右。由此可见输沙量的年际变化之大，而径流量的年际变化小得多，水量比较稳定。

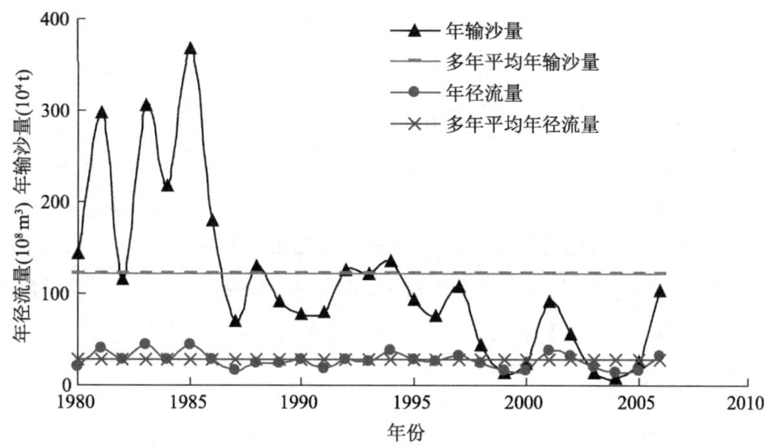

图 1.14　官良水文站历年径流量、年输沙量过程线

表 1.15　罗定江官良水文站输沙量、水量年际变化

项目	最大年量	年份	最小年量	年份	最大与最小比值	C_v	统计年数(年)
输沙量(10^4 t)	369	1985 年	7.3	2004 年	50.5	0.79	31(1976—2006 年)
水量(10^8 m^3)	43.5	1982 年	14.65	2001 年	3.0	0.33	

2. 水沙关系分析

官良水文站输沙量的年内分配主要出现在 5—9 月，说明洪水期间来沙量较大；在年际变化中，也说明大水年输沙量亦增大。从图 1.14 可知，1985 年之前，来水量较大，因而输沙量较大，后来水量偏小，来沙量亦相应偏少。对该站历年的水沙资料进行回归分析表明，年径流量与年输沙量之间具有良好的相关关系，如图 1.15 所示，其相关系数为 0.78。以上都说明了对罗定江而言，来水量大时输沙量亦大。

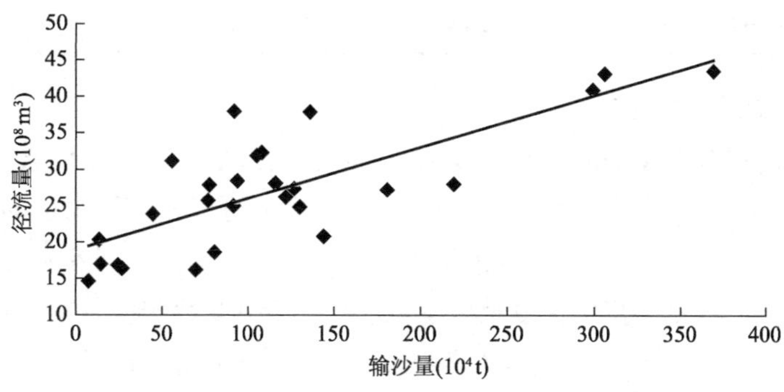

图 1.15　官良水文站径流量与输沙量关系图

将官良水文站历年的年径流量、年输沙量分别累加，点绘逐年累积径流量和输沙量关系图如图 1.16 所示。从图上可以看出，1988 年和 1997 年有 2 次明显转折。将官良水文站的年径流量和年输沙量资料分成 1979—1988 年、1988—1997 年和 1997—2006 年 3 个系列，分别计算 3 个系列的平均年径流量和年输沙量，如表 1.16 所示。从表中不难发现，1988—1997 年的 10 年平均年径流量和年输沙量较 1979—1988 年的 10 年对应值减少；1997—2006 年的 10 年平均年径流量和年输沙量较 1988—1997 年的 10 年对应值也减少，而平均年输沙量比平均年径流量减少得更多。这表明随着罗定江流域水土保持工作取得成效，水土流失现象在一定程度上得到了有效控制。

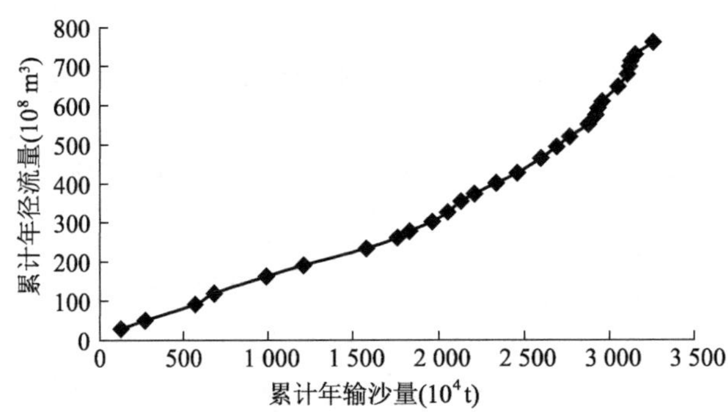

图 1.16　官良水文站累计年径流量与累计年输沙量关系

表 1.16　1979—1988 年、1988—1997 年和 1997—2006 年官良水文站平均年径流量和年输沙量比较

项　目	时　间		
	1979—1988 年	1988—1997 年	1997—2006 年
平均年径流量(10^8 m^3)	30.2	27.4	24.2
平均年输沙量(10^4 t)	196.0	104.2	49.2

3. 泥沙成因浅析

影响河流泥沙含量的因素错综复杂，对罗定江流域而言，主要因素分析如下：

(1) 气候因素。从表 1.14 中可知，4—9 月沙量的百分数较水量的百分数大，尤其是 5 月大很多，这主要与流域内降水气系统有关。该流域降水年际变化显著，年内分布不均。雨量多集中在夏秋两季，夏季 4—5 月受冷暖空气对流影响而产生连续降雨；6—7 月气温高，产生地方性对流阵雨；秋季主要受台风或南海低压影响而产生较大的降雨。因此，4 月刚入汛，降雨天气系统以锋面雨为主，降雨强度不大，形成年内最大暴雨洪水的可能性不大，来水量相对偏少。但 4—5 月地表的风化物和其他杂物积累较多，尽管遇到雨量不大的降雨亦可产生较大的泥沙，出现较大的沙峰。这样每年的第一场洪水或前几场洪水虽形成洪水水量并非较大，而其水土流失量大增，从而形成了沙量所占比例大而水量所占比例小的现象。

(2) 地质、土壤因素。罗定江流域地质、土壤较为复杂。地质就整体而言，主要为中生代的红色砂岩组成，红色岩层岩性软弱，易受风化，水土流失严重，尽被剥蚀割离为山丘；土壤以红壤、黄壤、紫色土和水稻土为主，成土母质主要由紫红色粗砂岩、细砂岩、紫红色角砂岩和花岗岩等组成，这种由砂岩、花岗岩风化而形成的土壤，水土流失十分严重。

(3) 人类活动影响。历史上不合理开荒，乱砍滥伐山林，导致罗定江流域水土流失十分严重。据 20 世纪 80 年代航测调查，罗定江流域罗定市境内水土流失面积约 337.5 km^2，占全市总面积的 14%左右。经过 10 多年的整治，罗定江流域的水土流失得到了较好控制。但现有水土保持林树种结构单一，大多数是以马尾松为主的针叶林，并且不注意人为促进水土流失区的生态修复。因此，必须对现有水土保持林进行改造，并采取封山育林、封山禁牧等方法促进水土流失区的生态修复。

河流泥沙的产生是降雨径流、自然地理、地质土壤和人类活动等综合作用的结果，泥沙的形成和变化极其复杂。通过对官良水文站泥沙实测资料的分析，初步认识了罗定江河流泥沙输移特性，为加强罗定江流域水环境保护、水土保持综合治理、合理开发和利用其水土资源提供了科学依据。

1.3　西江流域水沙时空演变特征与成因研究

流域水沙变化是气候变化、人类活动和社会发展等共同影响的结果。水文循环本身是极其复杂的，流域水沙变化作为一种自然现象，其中一个因素的变化，将引起其他因素的响应。流域水沙时空演变特征与成因研究已成为当前全球变化研究的一个重要组成部分，是河流地貌、水利工程等领域备受关注的科学问题，不仅有助于揭示河床演变的特征与机制，而且对河口海岸的地形演变、生态系统等都具有重要意义。目前，研究人员已在水沙变化趋势与预测、气候变化和人类活动的影响、河口海岸的影响等方面取得了一些重要的研究成果。

流域水沙时空演变与成因研究主要是运用数学方法对水文时间序列进行分析，寻找变化规律、分析原因，为水资源开发、利用、保护等研究提供依据。国内外学者对不同区域的水系进行水、沙趋势及突变分析已取得丰硕成果。

国外的 J. L. Myers 等主要研究土地耕作类型对水沙的影响，指出传统耕地和没有植被覆盖非耕地水沙产出明显高于植被覆盖的非耕地；Vorosmarty 等人开发模型来研究水库建设对全球河流泥沙的影响，认为水利工程对河流径流输沙的影响是显著的；Walling 等对全球 145 条主要河流的水沙趋势变化进行初步分析；Gemma 等通过干湿季水沙相关性检验，以及森林覆盖地区干湿季水沙趋势变化，得出地中海区域的降雨、土地利用和土地覆盖是影响水沙趋势变化的主要因素；Deletic 揭示了城市绿地对水沙输出的影响；Chakrapani G J 认为气候变化和人类活动（如土地利用、水库、河道疏浚、河道裁弯工程等）是对河流的径流、输沙产生变化的最重要影响因素。

国内的穆兴民采用累积距平为参数的阶段性辨析法，分析了黄河中游控制站点陕县的水文序列，指出天然径流量年际变化存在明显的阶段性；韩添丁等通过相关分析和线性趋势分析方法，研究了黄河上游近 40 年径流变化，结果表明，近年来流域内的气温升高和降水减少，使得上游天然来水量有偏少趋势，1990 年后减少更加明显；黄镇国等通过珠江三角洲河道冲淤特征，研究了人为因素对珠江三角洲网河区和口门区的水沙分配产生的影响；张建云等采用 M－K 检验方法研究了中国六大江河 1950 年以来 19 个重点水文站的年径流量资料，结果表明，近 50 年来它们的径流量均呈下降趋势；戴仕宝等人认为气候变化是造成珠江流域输沙量年际波动性变化的主要因素，但不是造成珠江入海泥沙下降的主要影响因素。珠江流域入海泥沙的阶段性变化特征与水土流失和水土保持相关，水库建成是造成 1955—2005 年珠江流域入海泥沙减少的主要因素，同时指出珠江流域入海泥沙将有可能进一步减少；张淑荣等人运用 M－K 和 Pettitt 方法分析了珠江径流量和输沙量的变化，认为西江的输沙量有减少的趋势，指出水库的建设是造成输沙量减少的主要原因；沈鸿金等人认为珠江的泥沙来源于西江，近几年来珠江流域各河流的来沙大幅减少。水库对泥沙的拦截作用明显，随着后续大型水库的建成、森林覆盖率的进一步提高，进入三角洲的年平均输沙量还将会进一步减少；张强等人研究了西江下游三水、马口等径流时间序列，指出降水、人类活动等在不同的时间、不同的河段对其的影响程度不一样；谢绍平分析了西江主要控制站（梧州、高要水文站）悬移质输沙量变化的特征，认为年内和年际变化都是水量大沙量多，20 世纪 60 年代末期至 80 年代呈偏大趋势，90 年代中期以后的丰水期则以偏离平均值较大幅度呈急剧下降趋势；陈永勤等运用 M－K 和 F 检验方法，对珠江流域近半个世纪以来的月径流数据进行了分析，检验了时间序列的稳定性和变异性，指出气候变化和人类活动对径流量的影响。

珠江是我国南方最大的河流之一，近年来，受全球极端气候变化的影响，珠江流域水、沙分配的不均匀性表现得比以往更甚。西江是珠江最大的支流，集水面积占整个珠江流域面积的 70％以上。虽然对于西江流域的水、沙已有一些研究，但人类究竟以什么方式，在何种程度上影响西江流域水、沙变化，还存在不同的看法。随着西江流域水库等水利工程的不断加多，水土保持措施不断加强，以及河流采砂现象屡见不鲜等，流域水沙时空演变特征和成因需做进一步研究。

此处选用西江下游主要水文控制站（梧州水文站、高要水文站、马口水文站）和北江流域主要水文控制站（三水水文站）4 个水文站 1960—2010 年的水、沙年、月序列资料，分析 51 年来西江流域水、沙变化情况，探讨水库建设、水土流失、河流采砂等对其的可能影响程度。

1.3.1　研究方法与技术路线

1. 文献分析法

该文的研究涉及西江流域地质地貌、水文气候、人类活动等多个方面，还涉及数理统计方法，因此涉及的文献非常多。中文期刊检索了中国期刊网、万方数据资源系统、维普中文期刊网；外文期刊检索了 ISI Web of Science、Elsevier。对检索到的文献，绝大多数阅读了摘要，对一些重要的文献保存了电子文档。通过这些工作，使研究工作更加有的放矢。

2. 一元线性回归法

用 x_i 表示样本量为 n 的某一变量，用 t_i 表示所对应的时刻，建立 x_i 与 t_i 之间的一元线性回归为：

$$x_i = a + bt_i \tag{1.10}$$

式中，a 为回归常数，b 为回归系数。a 和 b 可以用最小二乘法进行估计。

$$\bar{x} = \frac{1}{n}\sum_{i=1}^{n} x_i \tag{1.11}$$

$$\bar{t} = \frac{1}{n}\sum_{i=1}^{n} t_i \tag{1.12}$$

$$a = \bar{x} - b\bar{t} \tag{1.13}$$

b 的符号表示变量的倾向趋势。b 大于 0 表明随时间增加 x 呈上升趋势，b 小于 0 表示随时间增加 x 呈下降趋势。b 的大小反映上升或下降的速率，即表示上升或下降的倾向程度。因此，通常将 b 称为倾向值，将这种方法叫作线性倾向估计。

3. 非参数线性趋势法

如果数据遵循线性回归的假设，则：

$$X'(t)=X(t)-\hat{a}-\hat{b}t \tag{1.14}$$

式中：X ——样本量的某一变量。

非参数估计的斜率 a、b 值也可以获得。Helsel and Hirsh 建议 b 的估算根据下式：

$$\hat{b}=\text{median}\left(\frac{X(t)-X(t')}{t-t'}\right) \tag{1.15}$$

其中，$t'<t$；$t'=1, 2, 3, \cdots, n-1$；$t=1, 2, 3, \cdots, n$。

同时，

$$\hat{a}=X(t)_{med}-\hat{b}t_{med} \tag{1.16}$$

4. 累积距平法

累积距平法可以直观准确地反映水文要素年际变化的阶段性特征。计算每年的水文要素距平，然后按年序累加，得到累积距平序列，其计算公式为：

$$LP_i=\sum_{1}^{i}(x_i-\bar{x}) \tag{1.17}$$

式中：LP_i ——第 i 年的累积距平值；

x_i ——第 i 年的水文要素值；

$\bar{x}$ ——某水文要素的多年平均值。

根据距平有正有负的特点，当距平累积值持续增大时，表明该时段内水文要素距平持续为正；当累积距平值持续不变，表明该时段距平持续为零即保持平均；当累积距平值持续减小时，表明时段内水文要素距平持续为负。据此，可以较其他方法更能直观而准确地分析水文要素年纪变化阶段。

5. 双累积曲线法

双累积曲线是检验两个参数间关系一致性及其变化的常用方法。在相同时段内只要给定的数据成正比，那么一个变量的累积值与另一个变量的累积值在直角坐标上可以表示为一条直线，其斜率为两要素对应点的比例常数。如果双积累曲线的斜率发生突变，则意味着两个变量之间的比例常数发生了改变或者其对应的累积值的比可能根本就不是常数。若两个变量累积值之间直线斜率已发生改变，那么斜率发生突变点所对应的年份就是两个变量累积关系出现突变的时间。

6. M-K法

M-K法是一种非参数统计检验方法。非参数检验方法亦称无分布检验，其优点是不需要样本遵从一定的分布，也不受少数异常值的干扰，更适用于类型变量和顺序变量，计算也比较简便。由于最初由Mann和Kendall提出了原理并发展了这一方法，故称其为M-K法。

对于具有 n 个样本量的时间序列 x，构造一秩序列：

$$s_k = \sum_{i=1}^{k} r_i \quad (k = 2,\ 3,\ \cdots,\ n) \tag{1.18}$$

其中

$$r_i = \begin{cases} +1 & 当\ x_i > x_j \\ 0 & 否则(j = 1,\ 2,\ \cdots,\ i) \end{cases} \tag{1.19}$$

可见，秩序列 s_k 是第 i 时刻数值大于 j 时刻数值个数的累计数。在时间序列随机独立的假定下，定义统计量为：

$$UF_k = \frac{[s_k - E(s_k)]}{\sqrt{Var(s_k)}} \quad (k = 1,\ 2,\ \cdots,\ n) \tag{1.20}$$

其中，$UF_1 = 0$，$E(s_k)$，$Var(s_k)$ 是累计数 s_k 的均值和方差，在 x_1，x_2，…，x_n 相互独立，且有相同连续分布时，它们可由下列公式算出：

$$E(s_k) = \frac{n(n+1)}{4} \tag{1.21}$$

$$Var(s_k) = \frac{n(n-1)(2n+5)}{72} \tag{1.22}$$

UF_k 为标准正态分布，它是按时间序列 x 顺序 x_1，x_2，…，x_n 计算出的统计量序列，给定显著性水平 α，查正态分布表，若 $UF_i > U_\alpha$，则表明序列存在明显的趋势变化。

按时间序列 x 逆序 x_n，x_{n-1}，…，x_1，再重复上述过程，同时使 $UB_k = -UF_k$，$k = n$，$n-1$，…，1，$UB = 0$。

我们一般取显著性水平 $\alpha = 0.05$，那么临界值 $u_{0.05} = \pm 1.96$。将 UF_k 和 UB_k 两个统计量序列曲线和 ± 1.96 两条直线均绘在一张图上，分析绘出的 UF_k 和 UB_k 曲线图。若 UF_k 和 UB_k 的值大于0，则表明序列呈上升趋势，小于0则表明呈下降趋势。当它们超过临界直线时，表明上升或下降趋势显著。超过临界线的范围确定为出现突变的时间区域。如果 UF_k 和 UB_k 两条曲线出现交点，且交点在临界线之间，那么交点对应的时刻便是突变开始的时间。

7. 技术路线

技术路线如图 1.17 所示。收集梧州、高要、马口、三水水文站径流、输沙月、年数据，采用定性分析和定量研究相结合的方式，利用统计学方法，对水、沙数据进行整理，并结合其他学者的研究结果，总结流域内径流输沙的时间分布特点和历史演变过程，并分析其原因，为流域内的水资源开发、防洪抗旱、水土保持等决策提供理论依据。

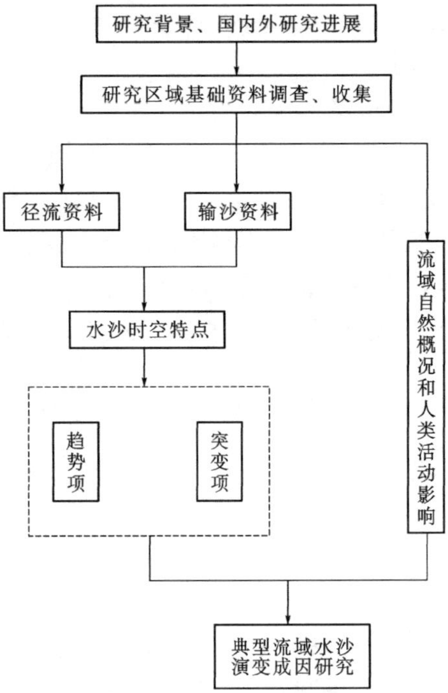

图 1.17 技术路线图

1.3.2 西江流域概况

1. 地理位置

西江为珠江流域的主干流，发源于云南省曲靖市境内的乌蒙山脉的马雄山东麓，在广东省珠海市的磨刀门企人石注入南海。西江干流全长 2 214 km，流域面积 35.31 万 km^2，自西向东流经云南、贵州、广西、广东，至广东省佛山市三水区思贤滘，由南盘江、红水河、黔江、浔江及西江等河段组成，主要支流有北盘江、柳江、郁江、桂江及贺江等。平均年径流量为 2 300 亿 m^3，河道平均坡降 0.58‰。

2. 地形地貌

西江流域地势大体上西高东低，北高南低。流域主要由 3 个宏观地貌单元构成，即云贵高原、广西盆地和珠江三角洲平原。地貌有山地、丘陵、平原 3 种基本类型，三大地貌单元间均有山地、丘陵过渡或分隔，其中广西盆地是流域主体，山地和丘陵占流域比重大，平原区面积小且分散。流域地层岩性多样，沉积岩、岩浆岩、变质岩均有分布；沉积岩从前震旦系至第四系均有出路，其中以泥盆、石炭、二叠、三叠等系最为发育；岩浆岩集中分布于广西东部和广东境内，出露面积占流域面积的 22%，其中以花岗岩占绝大多数。

3. 流域水系

西江干流在广西来宾市象州县石龙三江口以上为上游，包括南盘江及红水河两河段，主要支流有北盘江。西江干流在石龙三江口至梧州称中游，包括黔江、浔江两河段，主要支流有郁江、柳江。西江干流在梧州以下为下游，称西江(图 1.18)。西江进入广东省界后与贺江、罗定江(南江)、新兴江等较大支流汇合，后与思贤滘沟通西、北两江后进入珠江三角洲河网区，最后由磨刀门水道流入南海。另外，北江流域的支流绥江在四会城区下游约 4 km 的右岸有青岐涌与西江相连，北起陶冶口，南至青岐口，全长 18 km。

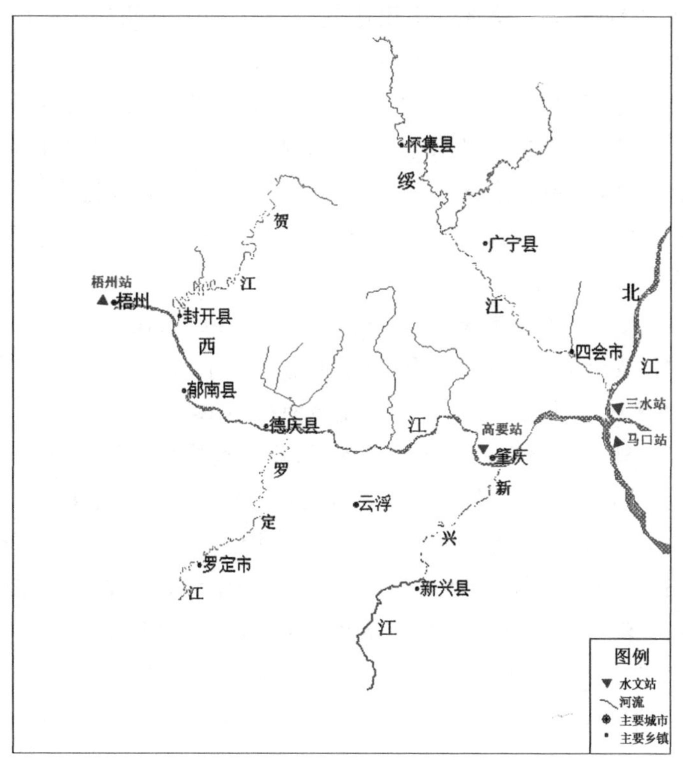

图 1.18　西江流域下游段

各江河的情况概述如下：

(1) 红水河。红水河是西江的干流，全长约 1 500 km，流域面积约 135 000 km^2。由于南盘江和北盘江在双江口汇合后河水挟带红壤土较多，水显红色，所以称为红水河。红水河河道曲折，两岸山坡陡峭，石灰岩广布较广且易被水溶蚀，造成多岩隙多山洞多伏流，因此河流时常穿过石灰岩形成穿山而过，表现出一段在地面上流，一段躲在地下变成潜流，到相当距离时又出现在地面上。

(2) 柳江。柳江发源于贵州独山以北八寨地带，在贵州境内称为都柳江，向东南流进广西三江与古宜河汇合后转向南流，称为融江，到柳城与龙江汇合后称为柳江，在石龙和红水河汇合，全长约 700 km，流域面积约 59 000 km^2。柳江上游在贵州境内，支流很多，但多在山谷间，河身狭，水流急。柳江中游以下主要的支流有龙江和洛清江，龙江全长 367 km，流域面积约 17 000 km^2，是柳江最大的支流，沿河梯级开发，主要的较大电站有拔贡电站、拉浪电站、洛东电站及三岔电站，水量受到人工控制；洛清江全长 275 km，流域面积约 7 000 km^2。

(3) 黔江。红水河和柳江在石龙汇合后称为黔江。黔江长约 80 km，到桂平和郁江相会。石龙到武宣一段河道比较弯曲，武宣以下比较顺直，和山脉走向成正交，最后穿过大藤峡，黔江流域面积约 3 000 km^2。

(4) 郁江。左江和右江在南宁宋村汇合后称为郁江。左江发源于越南，由发源地到汇合右江全长超过 300 km，流域面积约 32 000 km^2。右江主源发源于云南省广南县，全长约 400 km，流域面积约 41 000 km^2。郁江向东北偏东方向流到桂平汇合黔江，长度约 400 km，流域面积 17 000 km^2。在郁江中游横县附近建有西津水电站，由闸门控制下泄流量。

(5) 浔江。黔江和郁江在桂平(浔州)汇合，桂平以下到梧州 160 km 左右的河道叫作浔江。浔江支流最大的是蒙江和北流河(容江)，前者由蒙山流来，长约 150 km，后者从北流经容县，长约 200 km。浔江流域面积约 19 000 km^2。

(6) 桂江。桂江发源于兴安县华江乡(猫儿山)，桂林以下主要支流有荔浦河、恭城河、思勤江、富群江等。桂江在梧州和浔江汇合，全长约 400 km，流域面积 19 000 km^2。沿岸多山，石灰岩山平地突起互不相连比较普遍。河道多滩，水流比较清澈。桂江上游建有青狮大型水库(集水面积约 470 km^2)，有灵渠连通湘江。

(7) 西江。浔江和桂江在梧州汇合后流入广东，称为西江，到三水思贤滘和北江相通后进入珠江三角洲网河区。西江主要支流有贺江、罗定江、新兴江等。

这里主要研究西江下游梧州至思贤滘河段的径流量和输沙量变化。

4. 气候与水文

西江流域地处亚热带，属于湿热多雨的热带、亚热带气候。大部分地区年平均温度在 14℃～22℃之间，多年平均湿度在 71%～80%之间。降雨以锋面类降雨为主，约占 80%以上；西风低值系统(槽、涡)降雨次之，约占 10%以上；台风类则只占 10%以下。年平均降雨量在 1 500～2 800 mm 之间，降雨主要集中在 5—8 月，约占年降雨总量的 60%。

西江水系的暴雨中心分布呈现出明显的地形特点。融江中游一带(支流贝江为主)主要为九万大山山脉(主峰大苗山、元宝山等)地形所致；桂江中游一带(昭平至蒙江上游区间)主要为大瑶山山脉系地形所致；红水河中下游一带(驮墨、都安、迁江、上林)主要为都阳山、大明山山脉地形所致；北流河中上游至罗定江上游一带主要为大容山、云开大山、大云雾山等山脉地形所致；此外，右江上游百色一带亦常有暴雨中心，这主要受都阳山脉地形影响。总之，西江水系雨量分布是东部多于西部，北部多于南部。同时，北江水系暴雨中心多分布于绥江上游、北江中下游（横石、清远、石角）。

西江洪水的特点是来势猛、峰高量大、持续时间长且年际变化大。西江下游年最高水位多发生在6—7月，但上游各支流年最高水位出现时间有先有后，一般来说桂江入汛后发洪较早，多出现在4—6月并以6月为最多；柳江多出现在6—7月；红水河多出现在7—8月，并以7月为最多；郁江多出现在8月。每次洪水组成错综复杂。

5. 水利工程

珠江流域主要的水利工程包括红水河流域10个梯级水利工程、郁江流域10个梯级水利工程和长洲水利枢纽，它们在发电、航运及保持河流生态环境等方面起着重要作用。

(1) 红水河流域10个梯级水利工程。包括天生桥一级水电站、天生桥二级水电站、平班水电站、龙滩水电站、岩滩水电站、大化水电站、百龙滩水电站、乐滩水电站、桥巩水电站和大藤峡水利枢纽。

① 天生桥一级水电站。天生桥一级水电站位于广西隆林县和贵州省安龙县交界处的红水河上游南盘江干流上，是红水河10个梯级的龙头电站及西电东输的大型骨干电站，在西电东输工程起着举足轻重的作用。该电站于1991年开工建设，1998年12月第1台机组发电，2000年12月电站全部机组投产运行。电站以发电为主，水库总库容102.6亿m^3，调节库容57.96亿m^3，为不完全多年调节水库；电站安装4台单机容量300 MW机组，总装机容量1 200 MW，年发电量52.26亿kW·h，保证出力405.2 MW。

电站坝址以上集水面积50 139 km^2，坝址多年平均径流量193.0亿m^3，多年平均流量612 m^3/s；多年平均悬移质输沙量1 578万t，推移质输沙量70.0万t。主体工程按1 000年一遇洪水设计，相应流量20 900 m^3/s，库水位782.87 m，相应泄流量15 282 m^3/s；按可能最大洪水校核，入库流量28 500 m^3/s，相应库水位789.86 m，相应下泄流量21 750 m^3/s。

② 天生桥二级水电站。天生桥二级水电站位于红水河南盘江上游。该电站于1981年开工建设，1992年首台机组发电，1999年5月全部机组投产运行。安装6台机组，总装机容量为1 320 MW，年发电量82亿kW·h，保证出力730 MW。

天生桥二级水电站是一座高水头引水式水电站，坝上游库容很小，泥沙会很快淤积到坝前，枢纽的首要任务是处理库内淤积问题。水库调度的原则是：在减少库区淤积、减少进洞沙量、确保运行安全的前提下，充分满足发电需要。

③ 平班水电站。平班水电站位于南盘江上，是南盘江红水河水电基地规划的第 3 个梯级电站，距广西南宁市约 450 km。工程于 2001 年 10 月 23 日开工建设，2004 年 12 月电站第 1 台机组正式投入运行，2005 年 8 月，最后 1 台机组投产发电，总装机容量 40.5 万 kW。

平班水电站控制流域面积 5.6 万 km^2，多年平均流量 616 m^3/s，多年平均年径流量为 194.0 亿 m^3。正常蓄水位 440.00 m，设计洪水位 441.67 m，校核洪水位 445.60 m，死水位 437.50 m。总库容 2.78 亿 m^3，调节库容 0.268 亿 m^3，调洪库容 0.670 亿 m^3，死库容 1.842 亿 m^3。

④ 龙滩水电站。龙滩水电站是仅次于三峡水电站的全国第二大水电站。该水电站坝址位于广西天峨县境内，距天峨县城 15 km。装机容量占红水河可开发容量的 35%～40%。主体工程于 2001 年 7 月 1 日开工建设，2003 年 11 月完成大江截流，2006 年 9 月电站成功下闸蓄水，2007 年 5 月第 1 台机组发电，2009 年 12 月电站全部建成投产发电。流域面积 98 500 km^2，占总流域面积的 71%，坝址多年平均径流量 517.0 亿 m^3。

⑤ 岩滩水电站。岩滩水电站工程位于红水河中游河段，东南距巴马县 30 km，距南宁市 170 km，是南盘江红水河水电基地 10 级开发中的第 5 级。工程于 1985 年 3 月开工，1987 年 11 月提前一年截流成功，1992 年 9 月第 1 台机组发电，1993 年 8 月第 2 台机组发电，1995 年 6 月 4 台机组全部并网发电。电站总装机容量 181 万 kW，年均发电量 75.47 亿 kW·h。

岩滩水电站坝址上游流域面积 106 580 km^2，多年平均流量 1 760 m^3/s，多年平均年径流量 555 亿 m^3。工程按 1 000 年一遇洪水 30 500 m^3/s 设计，5 000 年一遇洪水 34 800 m^3/s 校核。设计洪水位 227.20 m，最大下泄流量 28 980 m^3/s；校核洪水位 229.20 m，最大下泄流量 33 380 m^3，相应总库容 33.5 亿 m^3。电站以发电为主，兼有航运效益。岩滩水电站正常蓄水位 223.00 m，相应库容 26.0 亿 m^3，死水位 204.00 m，死库容 10.4 亿 m^3，调节库容 15.6 亿 m^3，为年调节水库。

⑥ 大化水电站。大化水电站位于红水河中游，距南宁市约 100 km。该站以发电为主，兼有航运、灌溉等效益。工程于 1975 年 10 月开工，1983 年 12 月第 1 台机组发电，1986 年底竣工。电站装机 60 万 kW，保证出力 34.3 万 kW，多年平均发电量 33.19 亿 kW·h。1998 年 1 月，大化水电站实施发电机增容改造，改造后每台发电机的额定出力由原来的 100 MW 提高到 114 MW，改造后电站总装机容量提高至 456 MW。

大化水电站坝址以上集水面积 112 200 km^2，多年平均流量 1 990 m^3/s，多年平均径流量 627 亿 m^3，多年平均输沙量 4 740 万 t。水库正常蓄水位 155 m，死水位

153 m，总库容 9.64 亿 m^3，为日调节水库。大化水电站大坝按 100 年一遇洪水流量 23 200 m^3/s 设计，库水位 163.80 m；按 1 000 年一遇流量 31 000 m^3/s 校核，库水位 169.30 m。

⑦ 百龙滩水电站。百龙滩水电站位于红水河中游，是南盘江红水河水电基地规划中的第 7 个梯级水电站。坝址距都安县城 12.0 km、马山县城 17.0 km、南宁市 147.0 km。百龙滩水电站以发电为主，利用水库回水发展航运。工程于 1993 年 2 月开工，1996 年 2 月第 1 台机组并网发电，1999 年 5 月全部机组投产运行。

大化水电站坝址控制流域面积 112 500 km^2，多年平均气温 21.3℃，多年平均含沙量 0.815 kg/m^3，实测最大含沙量 14.6 kg/m^3，年输沙量 5 350 万 t。多年平均降雨量 1 720 mm，多年平均流量 2 020 m^3/s，实测最大流量 18 700 m^3/s，经岩滩、大化水电站调节 P 为 95%时的流量为 521 m^3/s，天生桥、龙滩水电站建成运行后 P 为 95%时的调节流量为 1 202 m^3/s。水库总库容 3.4 亿 m^3，正常蓄水位 126.00 m，相应库容 0.695 亿 m^3；死水位 125.00 m，相应库容 0.648 亿 m^3。百龙滩是一座低水头河床式径流水电站，需对大化水电站日调节流量进行适当的反调节。

⑧ 乐滩水电站。乐滩水电站位于广西忻城县红渡镇上游 3 km，上距百龙滩水电站 76.2 km，下游为桥巩水电站。1981 年 5 月 15 日一期工程正式投产发电，装 1 台 6 万 kW 的机组。2003 年扩建工程装机容量为 60 万 kW，保证电力 302 MW，年发电量 35 亿 kW·h，2004 年 12 月首台机组正式并网发电，2005 年 12 月 4 台机组全部投产发电。它是一座以发电为主，兼有航运、灌溉等综合利用效益的大型水利水电枢纽工程，具有日调节能力。坝址多年平均流量为 2 180 m^3/s，年径流量 688 亿 m^3，水库正常蓄水位 112.00 m，总库容 9.5 亿 m^3，调节库容 0.46 亿 m^3。

⑨ 桥巩水电站。桥巩水电站位于广西来宾市境内的红水河干流上，距来宾市 40 km，距南宁市 151 km。2005 年 3 月水电站动工兴建，为日调节水电站。坝址以上流域面积 128 564 km^2，多年平均流量 2 130 m^3/s，正常蓄水位 84.00 m，相应库容 1.91 亿 m^3。

⑩ 大藤峡水电站。大藤峡水电站坝址位于黔江桂平市上游 12 km 的峡谷出口处，控制集雨面积 190 400 km^2，多年平均径流量 1 330 亿 m^3，是西江中下游防洪工程体系的一个重要组成部分，其防洪对象有 3 个地区，即浔江两岸、西江两岸、西江下游及西北江三角洲。2011 年 3 月大藤峡水电站获批兴建。水库正常蓄水位 61.00 m，水库总库容 37.1 亿 m^3，电站装机 160 万 kW，年发电量 71.96 亿 kW·h。

(2) 郁江流域 10 个梯级水利工程。从定安至桂平共布置瓦村、百色、东笋、那吉、鱼梁、金鸡滩、老口、西津、贵港、桂平共 10 个水利工程。

① 瓦村水电站。瓦村水电站位于广西百色市田林县境内驮娘江与西洋江汇合口下游 9 km 处，距下游百色水利枢纽约 105 km，以发电为主，兼顾供水、防洪、航运等功能。瓦村水电站正常蓄水位 307.00 m，总库容 5.36 亿 m^3，有效库容 2.25 亿 m^3，设计装机 230 MW。多年平均发电量 6.95 亿 kW·h。

② 百色水利枢纽。百色水利枢纽位于郁江上游右江河上，坝址在百色市上游 22 km 处，是一座以防洪为主，兼有发电、灌溉、航运、供水等综合利用效益的大型水利枢纽。2001 年 10 月主体工程开工，2002 年 10 月大江截流，2005 年 10 月第 1 台机组发电，2006 年全部机组建成投入使用。水库正常蓄水位 228.00 m，总库容 56.6 亿 m^3，其中防洪库容 16.4 亿 m^3。通过该枢纽的调蓄作用，南宁市的防洪标准由 20 年一遇提高到 50 年一遇。

③ 东笋水电站。东笋水电站位于广西百色市右江区，是一个以百色水利枢纽的反调节水库为主，兼有发电、供水、养殖和旅游等效益的综合利用工程。水电站总装机容量 24 MW，正常蓄水位 122.50 m，总库容 1 862 万 m^3，调节库容 394 万 m^3。

④ 那吉航运枢纽。那吉航运枢纽位于右江上游广西百色市田阳县那吉村，距百色市约 40 km，是以航运为主，兼有发电、灌溉和其他效益的水资源综合利用工程。2005 年 01 月 16 日工程开工，2007 年 2 月第 1 台机组投产发电，2008 年工程竣工。校核洪水位为 118.53 m，相应总库容为 1.83 亿 m^3，正常蓄水位为 115.00 m，相应库容为 1.03 亿 m^3，正常发电死水位 114.40 m。

⑤ 鱼梁航运枢纽。鱼梁航运枢纽位于广西百色市田东县城下游的英和村右江河段上，是一座以航运为主的水资源综合利用工程，2008 年 12 月 25 日工程启动。鱼梁航运枢纽校核洪水位为 108.52 m，相应总库容为 6.11 亿 m^3，正常蓄水位为 99.50 m，相应库容为 0.769 亿 m^3，正常发电死水位 99.00 m。

⑥ 金鸡滩水利枢纽。金鸡滩水利枢纽工程位于广西南宁市隆安县右江下游，是一座以航运、发电为主，兼顾防洪、灌溉和其他效益的综合水利枢纽，2001 年列入广西“西电东送”战略实施范畴。2003 年 12 月 7 日工程开工，2007 年 2 月 9 日最后 1 台机组投产发电。金鸡滩水利枢纽装机容量为 7.2 万 kW，正常运行情况下年发电量为 3.34 亿 kW·h。

⑦ 老口航运枢纽。老口航运枢纽工程坝址位于广西南宁市西乡塘区石埠街道老口村境内，左、右江汇合口下游 4.7 km 处的郁江上游段，上距右江金鸡滩坝址 121 km，距左江山秀坝址 84 km，下游距南宁市区约 34.1 km。该项目 2011 年 3 月 24 日开工，建设 1 座航运枢纽，包括拦河坝、船闸、泄水闸、电站、鱼道及相应配套设施，电站总装机容量为 17 万 kW，并按三级航道标准整治 157 km 航道。

⑧ 西津水电站。西津水电站位于广西南宁市横县郁江的下游河段上，坝址西

距南宁市 120 km。工程于 1958 年 10 月开工，1960 年 11 月截流，1964 年 4 月第 1 台机组发电，1979 年 7 月工程全部竣工。水电站以发电为主，兼有航运、灌溉等效益。电站总装机容量 23.44 万 kW，保证出力 4.65 万 kW，多年平均发电量 10.93 亿 kW·h。有效灌溉面积 6 700 hm^2。坝址以上集水面积 77 300 km^2，多年平均径流量 485 亿 m^3，多年平均流量 1620 m^3/s。工程按 100 年一遇设计，流量 23 100 m^3/s，按 1 000 年一遇校核，流量 31 400 m^3/s，水库设计正常蓄水位 63.00 m，设计死水位 59.00 m；总库容 30 亿 m^3，有效库容 6 亿 m^3，死库容 8 亿 m^3，防洪库容 19.5 亿 m^3。

⑨ 贵港航运枢纽。贵港航运枢纽距西津水电站 104.3 km，该枢纽是以航运为主，兼有发电等的综合利用工程。总装机容量为 120 MW，枯水期可进行日调节。正常蓄水位为 43.10 m，相应库容为 3.718 亿 m^3，死水位为 42.60 m，相应库容为 3.533 亿 m^3，调节库容为 0.185 亿 m^3，汛期限制水位为 41.10 m。

⑩ 桂平航运枢纽。桂平航运枢纽位于珠江水系西江干流的郁江河段，黔、郁两江汇合口上游 4 km 处，是集航运、发电、交通于一体的综合性枢纽。工程 1986 年 8 月动工，1989 年 2 月船闸通航，1992 年 4 月第 1 台机组发电，1993 年 10 月 18 日工程通过国家验收。

(3) 长洲水利枢纽工程。长洲水利枢纽距梧州市 12 km，是一座以发电和航运为主，兼有灌溉、养殖、旅游等综合效益的大型水利水电工程。2007 年 10 月该枢纽首台机组投产发电。枢纽全长 3.5 km，电站坝长 3 350 m，总装机容量为 62.13 万 kW。长洲水利枢纽为低水头径流式水利工程，正常运行水位为 20.60 m，死水位为 18.60 m，水库总库容为 56 亿 m^3，滞洪库容为 37.4 亿 m^3，枯水期调节库容为 3.4 亿 m^3。

6. 社会经济

西江进入广东省境内流经的主要城市是肇庆市，它具有优越的地理位置和十分便利的水陆交通，既列入珠江三角洲经济区范围，又背靠广阔的山区资源腹地，处于沿海和内陆的结合部。

西江沿岸一带土地肥沃是主要粮产区，其流经县市林木繁茂，动、植物资源丰富，森林覆盖率、绿化率都比较高，按优化的工农业结构合理利用土地，工农业经济呈良性发展。沿岸江河堤围约 385 条，捍卫耕地面积 119 多万亩、人口超过 120 万人，保卫工农业产值百亿元以上。景丰联围属于广东省五大重点堤围之一，地处西江下游的左岸，背靠鼎湖山、北岭山和鸡笼山，由景福围、丰乐围和水基段组成，长 59.97 km，保护区面积 242.38 km^2，捍卫着肇庆市区的端州区、鼎湖区和四会市大沙镇。围内受保护耕地 21.80 万亩，保护人口 46 万人，2000 年围内工农业总产值 162.34 亿元，其中，工业总产值 149.81 亿元，农业总产值 12.53 亿元。

7. 水文站简况

(1) 梧州水文站。梧州水文站于1900年1月由原梧州海关设立,位于浔江与桂江汇合口下游约2 km处,是珠江流域西江干流的重要控制站,属于国家重要水文站。隶属关系虽几经变迁,但资料保持连续完整,是西江干流水文资料系列最多的水文站之一。

梧州水文站集水面积327 006 km^2,占西江流域集水面积的94.6%,控制了广西境内85%的集水面积和年径流总量。1898年设站开始观测降水量,1900开始观测水位,1915年开始流量测验,1941年开始电报报汛和泥沙测验。经过不断发展,站内已有水位、流量、含沙量、降雨、蒸发、水温、岸温、水质监测等测验项目。流域多年平均降水量1 477.3 mm,多年平均流量6 420 m^3/s,多年平均径流量2 086×10^8 m^3,实测最大流量53 700 m^3/s,实测最小流量720 m^3/s。建站以来实测最高水位27.79 m(85基准),实测最低水位2.52 m(85基准)。

(2) 高要水文站。高要水文站设立于1931年7月,位于广东肇庆市端州区,集水面积351 535 km^2,是西江中下游的国家级重要控制站。该站上接广西梧州市,下连广东珠江三角洲经济区,处于一个重要的防洪战略位置,肩负保卫西江下游沿岸及珠江三角洲地区的防洪重任。该站有水位、流量、泥沙、降雨量、水质等监测项目。

高要水文站测验河段顺直,主流稳定。下游13 km为羚羊峡,河槽收缩,右岸下游2 km有新兴江汇入,上游1.3 km有西江大桥。两岸堤路高程为14.00 m,另加防浪墙0.50 m。两岸堤路外均有约40 m滩地。各级水位无岔流、串流。洪水期受北江、新兴江洪水影响;低水期受潮汐影响,大潮期涨潮间有负流出现。河床为沙黏土,断面面积变化不大,1992年后由于西江中、下游挖沙而造成河床下切,洪水期局部略有冲淤。

(3) 马口水文站。马口水文站建于1915年6月,为国家重要水文测站,位于珠江三角洲河口区西江干流水道左岸、佛山市三水区西南街道五顶岗村马口,至河口距离139 km。该站有水位、流量、泥沙、降水、蒸发等监测项目。

测验河段约3 km,顺直,上下游河段略有弯曲;左岸设立基本水尺和水位自记台,基下1 082 m为流速仪测流断面;上游约4.5 km有思贤滘与北江沟通,下游732 m有金马大桥(公路桥),下游1 187 m有三水港货运码头;右岸为黏土,有砌石护坡,不易冲刷;左岸沙壤土,有崩塌和冲刷危险,河床质为淤泥;20世纪90年代以来,河床大幅下切,测流断面水面宽变幅在780~1 000 m。

(4) 三水水文站。三水水文站建于1900年1月1日,为国家重要水文测站,位于珠江三角洲河口区北江干流水道(东平水道)左岸、佛山市三水区西南街道河口社区，至河口距离105 km。该站有水位、流量、潮流量、泥沙、降水等监测项目。

测验河段约3 km，顺直，上下游河段略有弯曲；站点设在左岸，沿半江桥向河中间延伸200 m设立基本水尺和水位自记台，基下380 m为流速仪测流断面；上游约1.1 km有思贤滘与西江沟通，下游2 km有新、老沙洲，河道分为左右汊；河床质为沙土质，易冲刷，20世纪90年代以来，河床大幅下切，测流断面水面宽变幅在400～1 080 m。

1.3.3　水沙趋势分析

选用梧州水文站、高要水文站、马口水文站和三水水文站1960—2010年的径流量和输沙量的月、年序列资料，用数理统计方法对其分析。

1. 水沙基本特征

(1) 水沙年际变化。由表1.17可知，梧州水文站输沙量的年际变化为16倍左右，变差系数 c_v 为0.55，径流量的年际变化为3倍左右，变差系数 c_v 为0.19；高要水文站输沙量的年际变化为11倍左右，变差系数 c_v 为0.46，径流量的年际变化为3倍左右，变差系数 c_v 为0.20；马口水文站输沙量的年际变化为14倍左右，变差系数 c_v 为0.48，径流量的年际变化为3倍左右，变差系数 c_v 为0.18，以上3个水文站的输沙量年际变化较径流量的年际变化大。三水水文站输沙量的年际变化为9倍左右，变差系数 c_v 为0.41，径流量的年际变化为10倍左右，变差系数 c_v 为0.36。

表1.17　各水文站输沙量、水量年际变化对照表

站　名	项　目	平均值	最大年量	年份	最小年量	年份	最大与最小比值	变差系数 c_v
梧州水文站	输沙量(10^4 t)	5 798	14 000	1983年	897	2007年	15.61	0.55
	水量(10^8 m^3)	2 036	2 961	1994年	1 025	1963年	2.89	0.19
高要水文站	输沙量(10^4 t)	6 350	13 100	1983年	1 140	2007年	11.49	0.46
	水量(10^8 m^3)	2 187	3 235	1994年	1 068	1963年	3.03	0.20
马口水文站	输沙量(10^4 t)	6 083	13 200	1983年	925	2007年	14.27	0.48
	水量(10^8 m^3)	2 261	3 154	1973年	1 210	1963年	2.61	0.18
三水水文站	输沙量(10^4 t)	892.6	1 830	1994年	208	2007年	8.80	0.41
	水量(10^8 m^3)	475	932.7	1997年	94.7	1963年	9.85	0.36

从表 1.17 中还可以看到，西江 3 个水文站最大的年输沙量均出现在 1983 年，梧州水文站和高要水文站最大的水量出现在 1994 年；4 个水文站最小的年输沙量和最小水量出现的年份均一致，分别为 2007 年和 1963 年。

各水文站各年代水沙量统计见表 1.18。西江流域 3 个水文站水量变化不大，沙量在 20 世纪 70 年代增加明显，90 年代有所减少，21 世纪以来明显减少。三水水文站水沙的增减基本保持一致，但是水量的变化幅度没有沙量大。20 世纪 90 年代其沙量增加，21 世纪又明显减少。

表 1.18　各水文站各年代输沙量、水量统计表

站　名	项目	时间(年份)				
		1960—1969	1970—1979	1980—1989	1990—1999	2000—2010
梧州水文站	输沙量(10^4 t)	6 526	7 900	7 487	5 152	2 278
	水量(10^8 m^3)	1 961	2 182	1 915	2 177	1 952
高要水文站	输沙量(10^4 t)	6 774	7 519	7 770	7 070	2 954
	水量(10^8 m^3)	2 125	2 354	2 033	2 399	2 040
马口水文站	输沙量(10^4 t)	5 982	8 000	8 067	6 139	2 579
	水量(10^8 m^3)	2 254	2 477	2 248	2 309	2 038
三水水文站	输沙量(10^4 t)	797.2	910.4	916.7	1 208	654.1
	水量(10^8 m^3)	356.7	424.6	374.1	635.1	574.5

(2) 水沙年内变化。

① 梧州水文站水沙年内变化。由表 1.19 梧州水文站历年月平均输沙量统计可知，平均输沙量 7 月份 1 872×10^4 t 为最大，占年输沙量的 30.21%；输沙量年内分配较集中，连续最大 5 个月(5—9 月)平均输沙量占年输沙量的 91.81%。最大月输沙量出现在 6 月，为 6 454×10^4 t；最小月输沙量出现在 12 月，为 1.65×10^4 t；中位数最大出现在 7 月，为 1 754×10^4 t；四分位区间距最大为 1 912×10^4 t，出现在 7 月，最小为 5.01×10^4 t，出现在 1 月。各月分布情况具体如图 1.19 所示。

表 1.19　梧州水文站历年月平均输沙量基本特征统计表

项　目		月　份											
名称	单位	1	2	3	4	5	6	7	8	9	10	11	12
平均值	10^4 t	11.6	14.6	28.8	155	502	1 575	1 872	1 158	583	214	69.5	13.9
占全年的比重	%	0.19	0.24	0.46	2.50	8.10	25.41	30.21	18.69	9.41	3.45	1.12	0.22
最大值	10^4 t	101	95.3	4 581	866	1 904	6 454	5 705	2 973	2 506	1 018	529	58.1
最小值	10^4 t	2.26	2.00	3.03	8.92	36.7	17.6	108	35.9	5.29	2.62	2.77	1.65
中位数	10^4 t	7.04	6.92	11.7	93.8	421	1 459	1 754	978	381	199	28.3	12.8
四分位数25%	10^4 t	4.34	4.02	7.63	35.0	162	609	753	404	83.5	41.5	11.4	5.62
四分位数75%	10^4 t	9.35	11.3	21.7	187	729	1 905	2 665	1 773	702	351	70.8	18.0

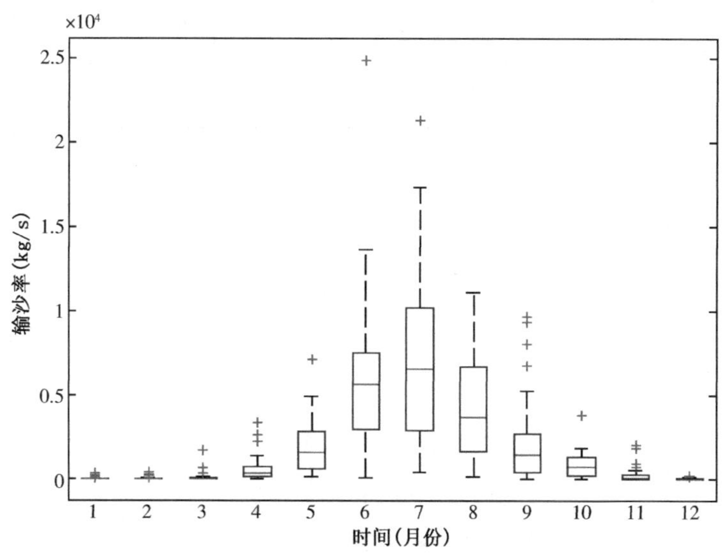

图 1.19　梧州水文站输沙量年内分配图

由表 1.20 所示梧州水文站历年月平均径流量统计得到，7 月径流量 387×10^8 m^3 为最大，占年总量的 19.11%；径流量年内分配较集中，多年平均连续最大 5 个月(5—9 月)径流量占年径流量的 72.83%。最大月径流量出现在 7 月，为 742×10^8 m^3；最小月径流量出现在 3 月，为 26.7×10^8 m^3；中位数最大出现在

7 月,为 354×10^8 m^3;计算得到四分位区间距最大为 251×10^8 m^3,出现在 7 月,最小为 14.2×10^8 m^3,出现在 1 月。各月分布情况具体如图 1.20 所示。

表 1.20 梧州水文站历年月平均径流量基本特征统计表

项目		月份											
名称	单位	1	2	3	4	5	6	7	8	9	10	11	12
平均值	10^8 m^3	51.8	46.3	63.5	114	217	349	387	319	203	123	91.4	60.4
占全年的比重	%	2.56	2.29	3.14	5.63	10.7	17.23	19.11	15.75	10.02	6.07	4.51	2.98
最大值	10^8 m^3	127	94.6	259	251	407	648	742	648	474	260	272	204
最小值	10^8 m^3	38.0	27.1	26.7	58.3	79.0	49.8	134	111	67.7	46.1	35.8	29.7
中位数	10^8 m^3	46.9	42.1	54.4	107	215	337	354	297	189	118	82.9	55.4
四分位数 25%	10^8 m^3	39.9	35.1	41.0	77.8	172	264	253	212	140	89.7	62.5	47.1
四分位数 75%	10^8 m^3	54.1	54.7	69.9	130	239	415	504	394	248	148	104	68.8

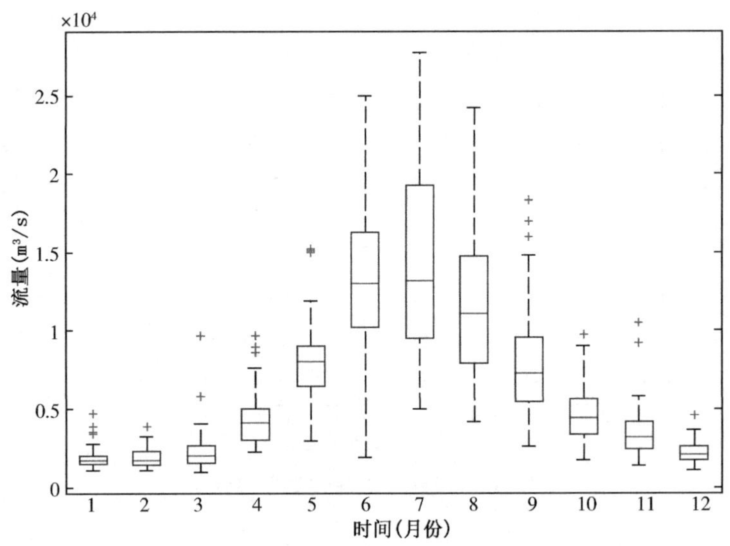

图 1.20 梧州水文站径流量年内分配图

② 高要水文站水沙年内变化。由表 1.21 所示高要水文站历年月平均输沙量统计可以看到,7 月平均输沙量 2 000×10^4 t 为最大,占年输沙量的 30.80%;输沙

量年内分配较集中，连续最大 5 个月(5—9 月)平均输沙量占年输沙量的 91.89%。最大月输沙量出现在 6 月，为 5 832×10^4 t；最小月输沙量出现在 12 月，为 1.14×10^4 t；中位数最大出现在 7 月，为 1 784×10^4 t；四分位区间距最大为 1 757×10^4 t，出现在 7 月，最小为 4.99×10^4 t，出现在 1 月。各月分布情况具体如图 1.21 所示。

表 1.21　高要水文站历年月平均输沙量基本特征统计表

项　目		月　份											
名称	单位	1	2	3	4	5	6	7	8	9	10	11	12
平均值	10^4 t	11.3	12.9	29.6	182	586	1590	2000	1200	591	189	91.0	11.0
占全年的比重	%	0.17	0.20	0.46	2.80	9.02	24.48	30.80	18.48	9.10	2.91	1.40	0.17
最大值	10^4 t	83.6	71.8	600	1 091	2 145	5 832	5 512	3 401	3 136	970	1 632	76.6
最小值	10^4 t	1.34	1.39	1.56	3.47	24.0	6.45	156	71.2	11.4	3.62	2.33	1.14
中位数	10^4 t	4.93	5.20	7.39	90.7	562	1436	1784	1042	360	124	21.4	6.54
四分位数 25%	10^4 t	3.37	3.19	4.10	27.5	191	754	948	453	121	13.0	8.37	3.86
四分位数 75%	10^4 t	8.36	9.51	13.8	185	721	1 846	2 705	1 888	702	308	48.0	10.5

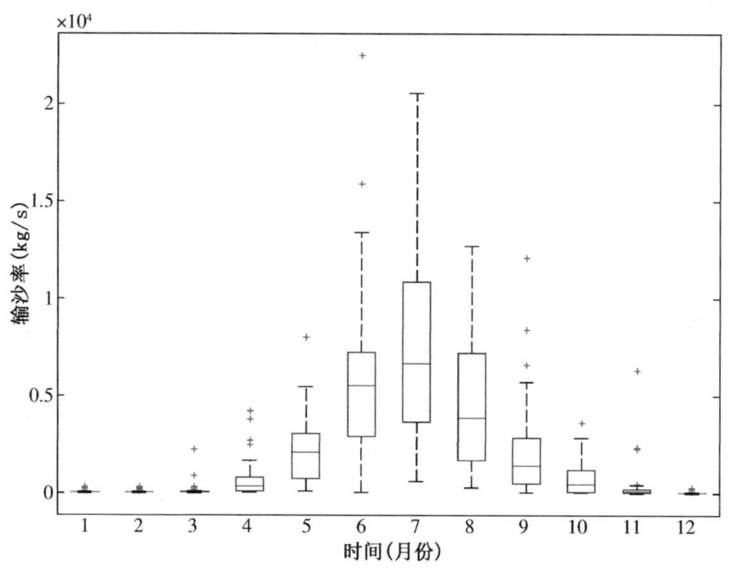

图 1.21　高要水文站输沙量年内分配图

由表1.22可知高要水文站历年月平均径流量统计得到，7月径流量$412\times10^8\ m^3$为最大，占年总量的18.85%；径流量年内分配较集中，多年平均连续最大5个月(5—9月)径流量占年径流量的72.44%。最大月径流量出现在7月，为$849\times10^8\ m^3$；最小月径流量出现在2月，为$30.7\times10^8\ m^3$；中位数最大出现在7月，为$369\times10^8\ m^3$；计算得到四分位区间距最大为$254\times10^8\ m^3$，出现在7月，最小为$12.9\times10^8\ m^3$，出现在1月。各月分布情况具体如图1.22所示。

表1.22　高要水文站历年月平均径流量基本特征统计表

项目		月份											
名称	单位	1	2	3	4	5	6	7	8	9	10	11	12
平均值	$10^8\ m^3$	56.7	51.2	70.2	129	238	370	412	340	223	133	97.0	65.3
占全年的比重	%	2.59	2.34	3.21	5.90	10.89	16.93	18.85	15.56	10.20	6.09	4.44	2.99
最大值	$10^8\ m^3$	127	118	311	275	455	638	849	704	516	287	275	140
最小值	$10^8\ m^3$	34.8	30.7	32.4	64.0	85.2	55.5	139	121	78.8	49.6	37.6	32.4
中位数	$10^8\ m^3$	50.9	48.1	65.1	117	227	355	369	319	205	129	87.9	63.2
四分位数25%	$10^8\ m^3$	44.7	39.0	45.8	90.2	191	298	279	228	153	89.5	66.4	47.1
四分位数75%	$10^8\ m^3$	57.6	58.3	76.1	140	271	446	533	407	256	169	115	74.5

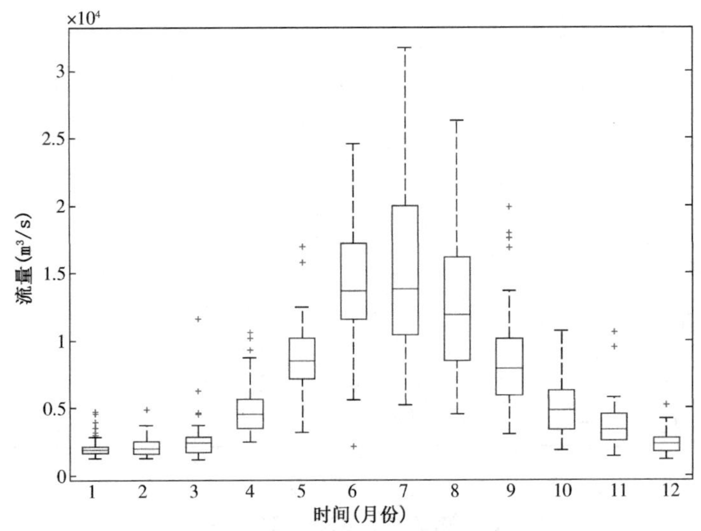

图1.22　高要水文站径流量年内分配图

③ 马口水文站水沙年内变化。由表 1.23 可知马口水文站历年月平均输沙量统计可以看到，7 月输沙量 1 860×10^4 t 为最大，占年输沙量的 29.05%；输沙量年内分配较集中，多年平均连续最大 5 个月(5—9 月)输沙量占年输沙量的 91.11%。最大月输沙量出现在 6 月，为 5 573×10^4 t；最小月输沙量出现在 12 月，为 1.61×10^4 t；中位数最大出现在 7 月，为 1 511×10^4 t；四分位区间距最大为 1 776×10^4 t，出现在 7 月，最小为 7.24×10^4 t，出现在 1 月。各月分布情况具体如图 1.23 所示。

表 1.23　马口水文站历年月平均输沙量基本特征统计表

项目		月份											
名称	单位	1	2	3	4	5	6	7	8	9	10	11	12
平均值	10^4 t	14.6	19.2	60.2	224	654	1587	1860	1140	593	176	62.3	13.2
占全年的比重	%	0.23	0.30	0.94	3.50	10.21	24.78	29.05	17.80	9.26	2.75	0.97	0.21
最大值	10^4 t	169	125	1 002	1 464	2 526	5 573	5 009	4 044	3 162	820	565	87.8
最小值	10^4 t	1.63	1.68	2.71	6.87	25.3	10.3	88.9	62.1	18.2	4.98	3.06	1.61
中位数	10^4 t	7.18	7.89	16.1	134	544	1433	1511	927	340	129	23.5	10.2
四分位数 25%	10^4 t	4.96	4.52	8.68	49.5	238	731	795	458	118	29.5	14.4	6.43
四分位数 75%	10^4 t	12.2	15.4	47.4	258	790	1 900	2 571	1 792	687	262	52.9	14.6

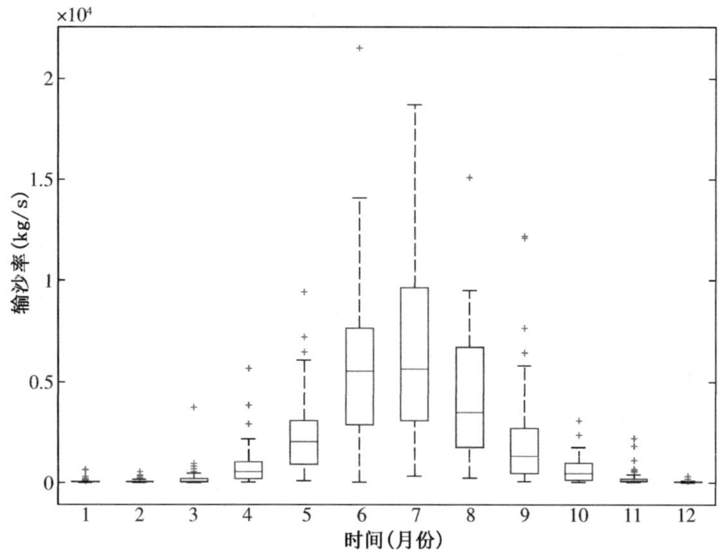

图 1.23　马口水文站输沙量年内分配图

由表1.24可知马口水文站历年月平均径流量统计得到，7月径流量$386\times10^8\ m^3$为最大，占年总量的17.09%。径流量年内分配较集中，多年平均连续最大5个月(5—9月)径流量占年径流量的69.92%。最大月径流量出现在7月，为$777\times10^8\ m^3$；最小月径流量出现在2月，为$29.3\times10^8\ m^3$；中位数最大出现在7月，为$367\times10^8\ m^3$；计算得到四分位区间距最大为$211\times10^8\ m^3$，出现在7月，最小为$18.2\times10^8\ m^3$，出现在1月。各月分布情况具体如图1.24所示。

表1.24　马口水文站历年月平均径流量基本特征统计表

项目		月份											
名称	单位	1	2	3	4	5	6	7	8	9	10	11	12
平均值	$10^8\ m^3$	64.3	60.3	86.5	157	271	376	386	328	218	138	102	71.1
占全年的比重	%	2.85	2.67	3.83	6.95	12.00	16.65	17.09	14.52	9.65	6.11	4.52	3.15
最大值	$10^8\ m^3$	177	165	388	303	517	640	777	629	472	253	251	156
最小值	$10^8\ m^3$	37.0	29.3	43.7	62.2	101	66.9	147	125	79.3	51.7	43.8	32.4
中位数	$10^8\ m^3$	56.1	55.5	73.5	153	256	360	367	309	212	139	95.1	65.8
四分位数25%	$10^8\ m^3$	48.2	43.6	58.1	113	220	306	258	222	141	94.0	72.8	53.8
四分位数75%	$10^8\ m^3$	66.4	68.5	89.2	192	319	456	469	402	250	174	117	77.1

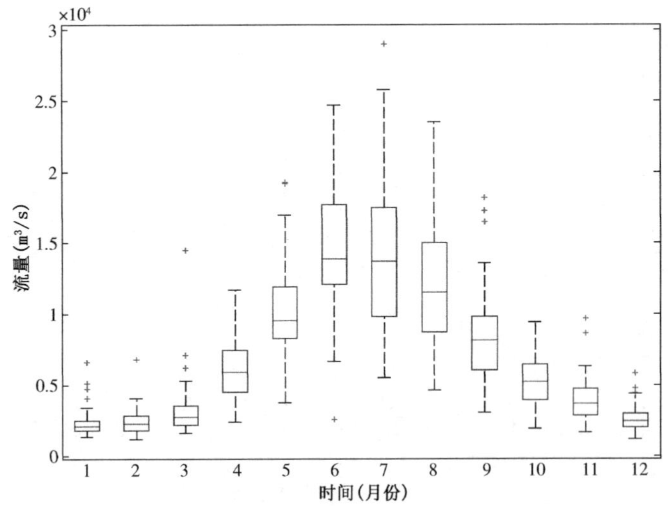

图1.24　马口水文站径流量年内分配图

④ 三水水文站水沙年内变化。由表1.25可知三水水文站历年月平均输沙量统计可以看到，7月输沙量257×10⁴ t为最大，占年输沙量的27.14%；输沙量年内分配较集中，多年平均连续最大5个月(5—9月)输沙量占年输沙量的82.99%。最大月输沙量出现在7月，为777×10⁴ t；最小月输沙量出现在1月，为0.04×10⁴ t；中位数最大出现在7月，为217×10⁴ t；四分位区间距最大为253.8×10⁴ t，出现在7月，最小为1.64×10⁴ t，出现在12月。各月分布情况具体如图1.25所示。

表1.25　三水水文站历年月平均输沙量基本特征统计表

项　目		月　份											
名称	单位	1	2	3	4	5	6	7	8	9	10	11	12
平均值	10^4 t	3.17	4.60	18.4	54.9	115	199	257	147	67.8	15.4	62.3	2.27
占全年的比重	%	0.33	0.49	1.94	5.80	12.15	21.02	27.14	15.53	7.16	1.63	6.58	0.24
最大值	10^4 t	31.3	33.1	184	230	504	635	777	520	586	184	129	18.4
最小值	10^4 t	0.04	0.09	0.08	2.01	1.71	0.48	2.49	4.26	1.45	0.63	0.56	0.16
中位数	10^4 t	0.94	1.19	8.57	39.7	97.5	170	217	98.6	33.4	5.09	2.77	1.08
四分位数25%	10^4 t	0.39	0.65	1.68	15.2	52.0	88.1	86.2	31.3	12.6	2.59	1.03	0.55
四分位数75%	10^4 t	2.58	4.31	14.5	61.7	125	251	340	220	67.1	16.7	5.00	2.19

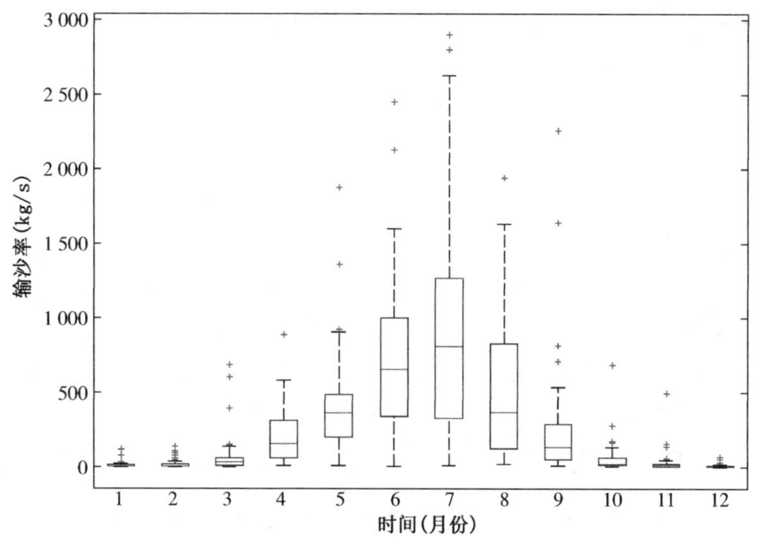

图1.25　三水水文站输沙量年内分配图

由表1.26可知三水水文站历年月平均径流量统计得到，7月径流量96.1×10^8 m^3为最大，占年总量的20.27%；径流量年内分配较为集中，多年平均连续最大5个月(5—9月)径流量占年径流量的78.00%。最大月径流量出现在7月，为245×10^8 m^3；最小月径流量出现在1月，为0.79×10^8 m^3；中位数最大出现在6月，为87.6×10^8 m^3；计算得到四分位区间距最大为79×10^8 m^3，出现在7月，最小为5.83×10^8 m^3，出现在12月。各月分布情况具体如图1.26所示。

表1.26　三水水文站历年月平均径流量基本特征统计表

项目		月份											
名称	单位	1	2	3	4	5	6	7	8	9	10	11	12
平均值	10^8 m^3	7.98	8.01	13.7	30.2	59.7	94.8	96.1	75.0	44.2	21.2	14.5	8.67
占全年的比重	%	1.68	1.69	2.89	6.37	12.59	20.00	20.27	15.82	9.32	4.47	3.06	1.83
最大值	10^8 m^3	31.6	23.1	87.0	86.8	129	196	245	202	108	82.0	65.3	28.4
最小值	10^8 m^3	0.79	1.25	2.07	6.22	6.48	3.45	14.7	18.2	6.38	4.15	4.87	2.11
中位数	10^8 m^3	5.87	6.65	9.64	24.3	55.7	87.6	84.4	69.4	38.1	17.8	12.4	7.26
四分位数25%	10^8 m^3	3.56	3.29	6.11	17.6	40.4	64.8	49.0	44.7	23.8	13.0	7.83	4.77
四分位数75%	10^8 m^3	10.1	10.4	16.2	38.6	78.7	116	128	93.5	62.2	24.4	17.2	10.6

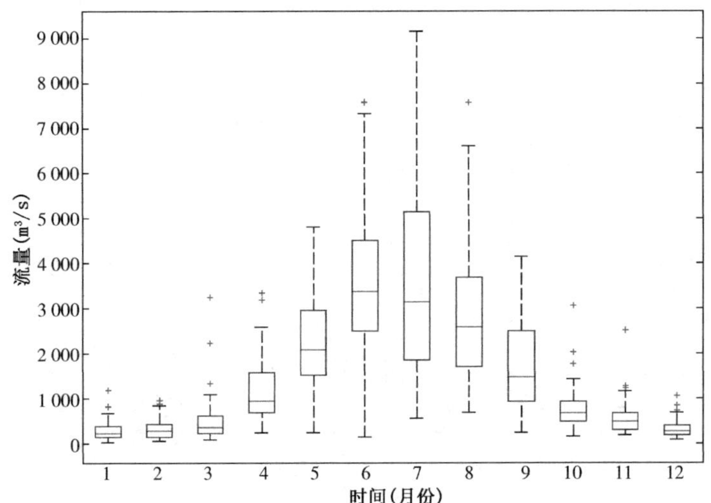

图1.26　三水水文站径流量年内分配图

2. 水沙序列趋势分析

这里选用梧州、高要、马口、三水 4 个水文站 1960—2010 年连续 51 年的径流量和输沙量作为分析对象，采用非参数线性趋势法、M－K 法趋势突变检验法分析序列的趋势变化和变异点。

(1) 梧州水文站水沙序列趋势分析。从图 1.27 可知，梧州水文站 51 年来年径流量总体趋势趋于平稳，而年输沙量变幅较大，总体趋势明显下降。

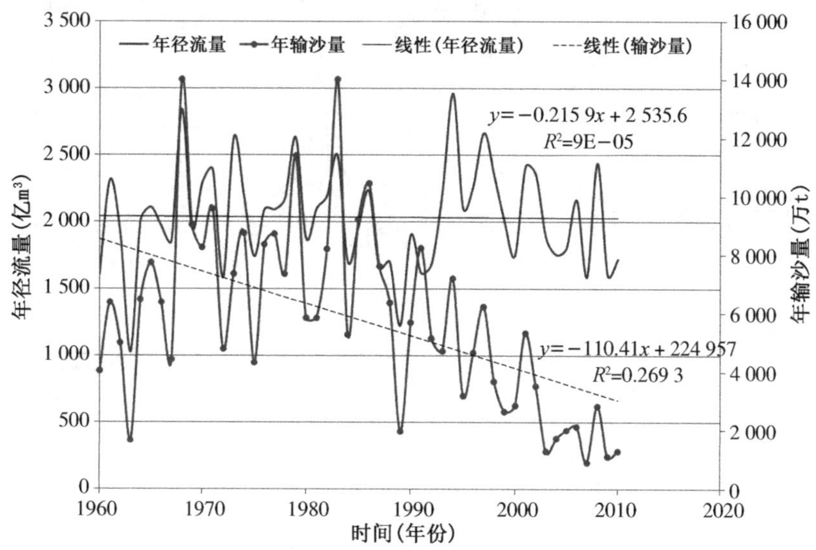

图 1.27　梧州水文站年径流量和年输沙量一元线性趋势图

观察水沙时间序列，将梧州水文站水沙序列分成 2 个系列：1960—1991 年和 1991—2010 年，分别对这 2 个系列进行非参估计计算(图 1.28)。梧州水文站 1960—1991 年年径流量均值为 2 003 亿 m^3，C_v 为 0.195，直线斜率为－7.390；1991—2010 年年径流量均值为 2 067 亿 m^3，C_v 为 0.188，直线斜率为－25.606。1960—1991 年年输沙量均值为 7 284 万 t，C_v 为 0.390，直线斜率为 58.619；1991—2010 年年输沙量均值为 3 544 亿 m^3，C_v 为 0.593，直线斜率为－273.780。其中，第 1 系列梧州水文站的水、沙输送量的趋势不一致，径流下降，而输沙量上升；第 2 系列水、沙输送量的趋势一致，均呈下降趋势，但是输沙量的下降幅度比径流大。

利用 M－K 方法对水沙时间序列进行分析(图 1.29)，梧州水文站年径流量在 1988 年左右发生突变，而年输沙量在 2000 年发生突变，输沙量具有明显的显著性。

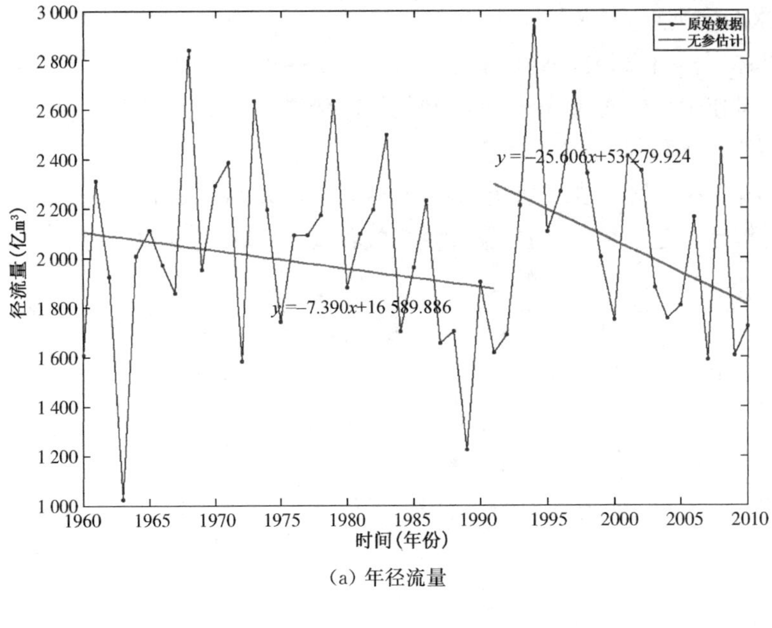

(a) 年径流量

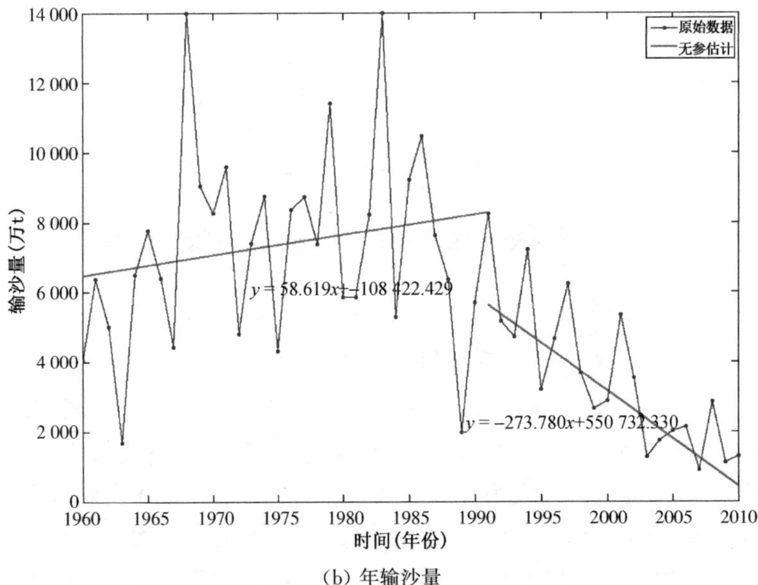

(b) 年输沙量

图 1.28 梧州水文站非参数线性趋势图

(2) 高要水文站水沙序列趋势分析。从图 1.30 可以看到,高要水文站 51 年来年径流量和年输沙量的总体趋势都是下降,但是年输沙量的下降幅度较大,尤其是从 20 世纪 90 年代中后期开始。

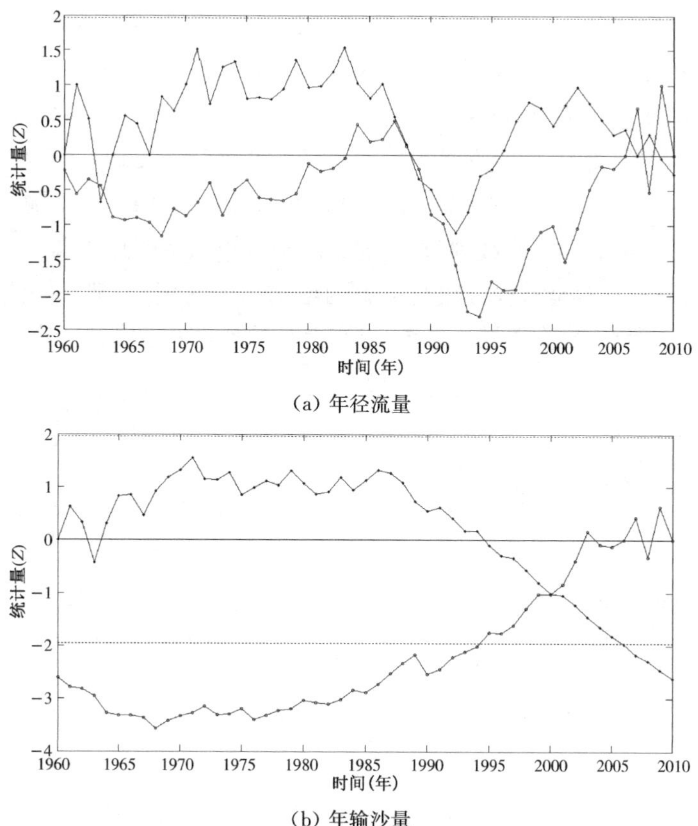

(a) 年径流量

(b) 年输沙量

图 1.29　梧州水文站 M－K 统计值

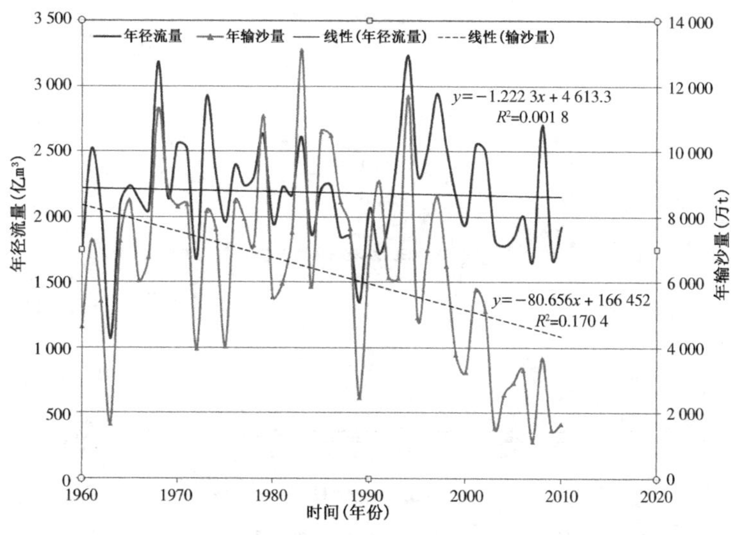

图 1.30　高要水文站年径流量和年输沙量一元线性趋势图

将高要水文站水沙序列分成 2 个系列：1960—1994 年和 1994—2010 年，分别对这 2 个系列进行非参估计计算(图 1.31)。高要水文 1960—1994 年年径流量均值为 2 190 亿 m^3，C_v 为 0.203，直线斜率为－2.633；1994—2010 年年径流量均值为 2 242 亿 m^3，C_v 为 0.207，直线斜率为－57.229。1960—1994 年年输沙量均值为 7 444 万 t，C_v 为 0.339，直线斜率为 43.846；1994—2010 年年输沙量均值为 4 410 亿 m^3，C_v 为 0.642，直线斜率为－418.125。第 1 系列高要水文站的水、沙输送量的趋势不一致，但是这种现象与上游的梧州水文站相似，都是径流下降，输沙量上升；第 2 系列水、沙输送量的趋势一致，但是输沙量的下降幅度比径流大很多。

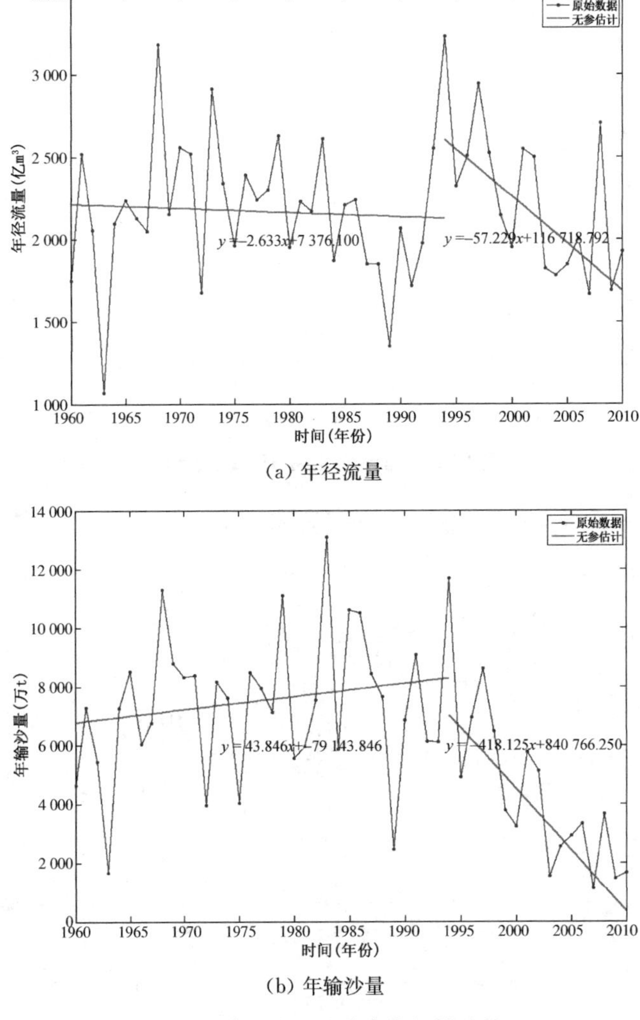

(a) 年径流量

(b) 年输沙量

图 1.31　高要水文站非参数线性趋势图

利用 M-K 方法对水沙时间序列进行分析(图 1.32),高要水文站年径流量在 2003 年左右发生突变,而年输沙量在 2002 年左右发生突变,且输沙量具有明显的显著性。

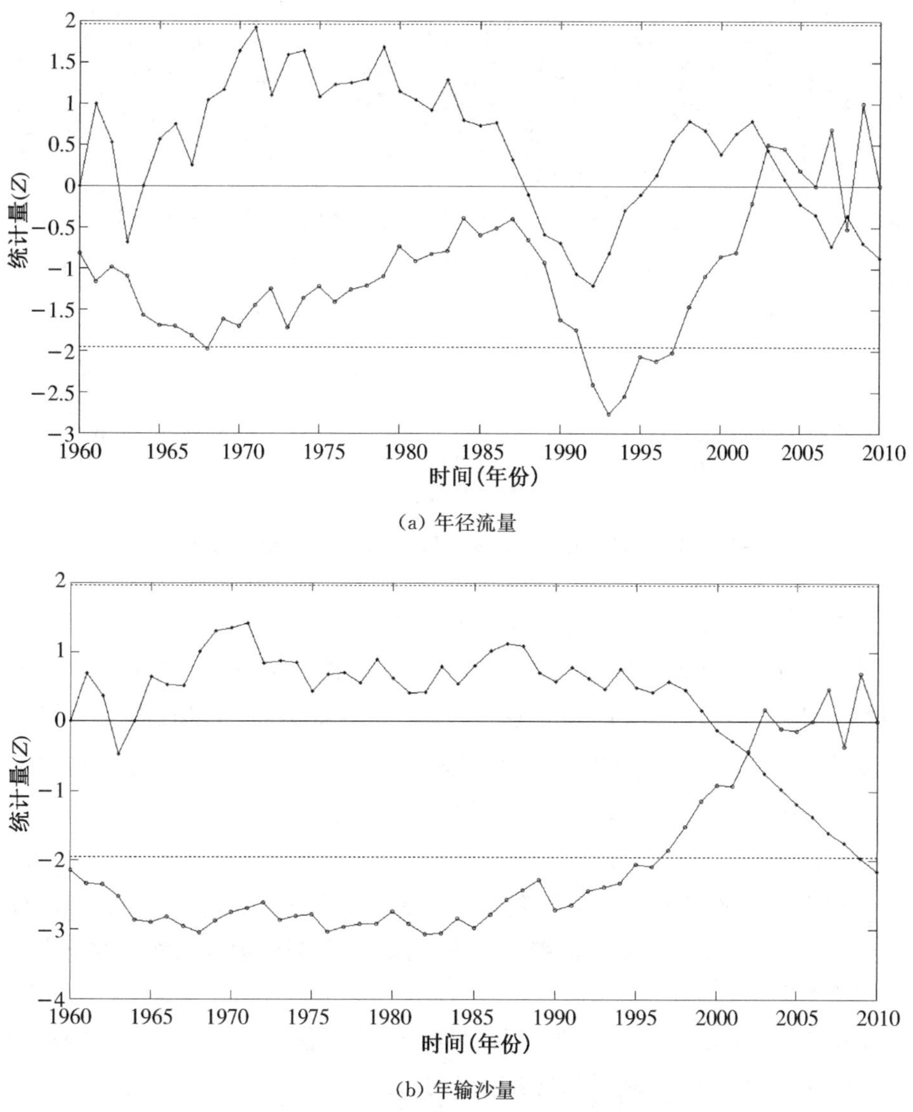

(a) 年径流量

(b) 年输沙量

图 1.32 高要水文站 M-K 统计值

(3) 马口水文站水沙序列趋势分析。从图 1.33 可知,马口水文站 51 年来年径流量和年输沙量的总体趋势都呈下降,但是年输沙量的下降幅度较大。

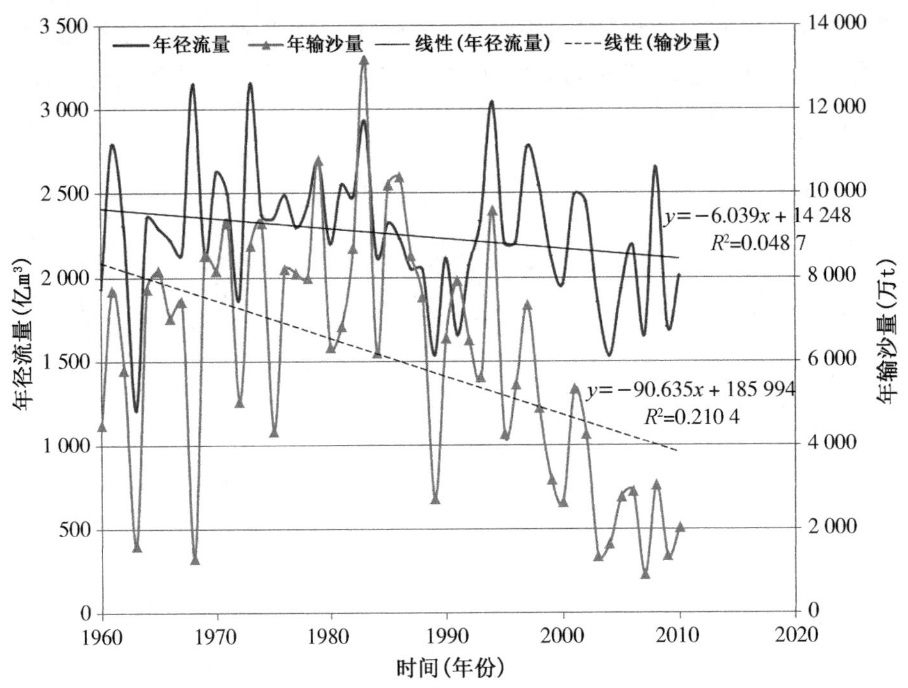

图 1.33 马口水文站年径流量和年输沙量一元线性趋势图

将马口水文站水沙序列分成 2 个系列：1960—1994 年和 1994—2010 年，分别对这 2 个系列进行非参估计计算(图 1.34)。马口水文站 1960—1994 年年径流量均值为 2 315 亿 m³，C_v 为 0.180，直线斜率为－5.222；1994—2010 年年径流量均值为 2 196 亿 m³，C_v 为 0.190，直线斜率为－45.583。1960—1994 年年输沙量均值为 7 335 万 t，C_v 为 0.338，直线斜率为 45.000；1994—2010 年年输沙量均值为 3 713 亿 m³，C_v 为 0.619，直线斜率为－303.714。第 1 系列马口水文站的水、沙输送量的趋势不一致，这种现象与上游的梧州、高要水文站相似，都是径流下降，输沙量上升；第 2 系列水、沙输送量的趋势一致，均呈下降趋势，但是输沙量的下降幅度比径流大很多。

由图 1.35 看出，马口水文站年径流量在 1999 年左右发生突变，而年输沙量在 2000 年左右发生突变，且输沙量具有明显的显著性。

(4) 三水水文站水沙序列趋势分析。从图 1.36 可知，三水水文站 51 年来年径流量总体上随时间呈现上升趋势，年输沙量的总体趋势趋于平稳。

将三水水文站水沙序列分成 2 个系列：1960—1997 年和 1997—2010 年，分别对这 2 个系列进行非参估计计算(图 1.37)。三水水文站 1960—1997 年年径

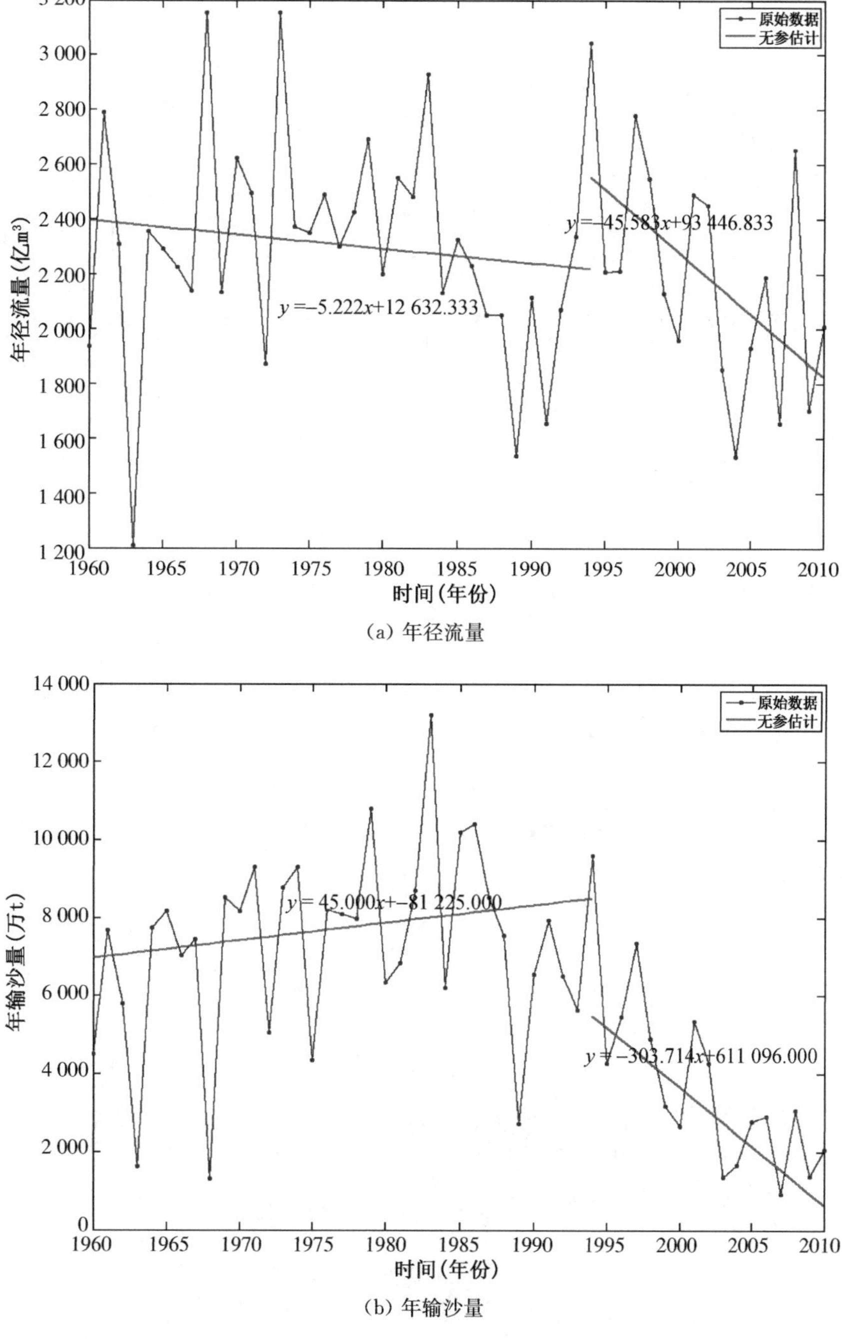

图 1.34　马口水文站非参数线性趋势图

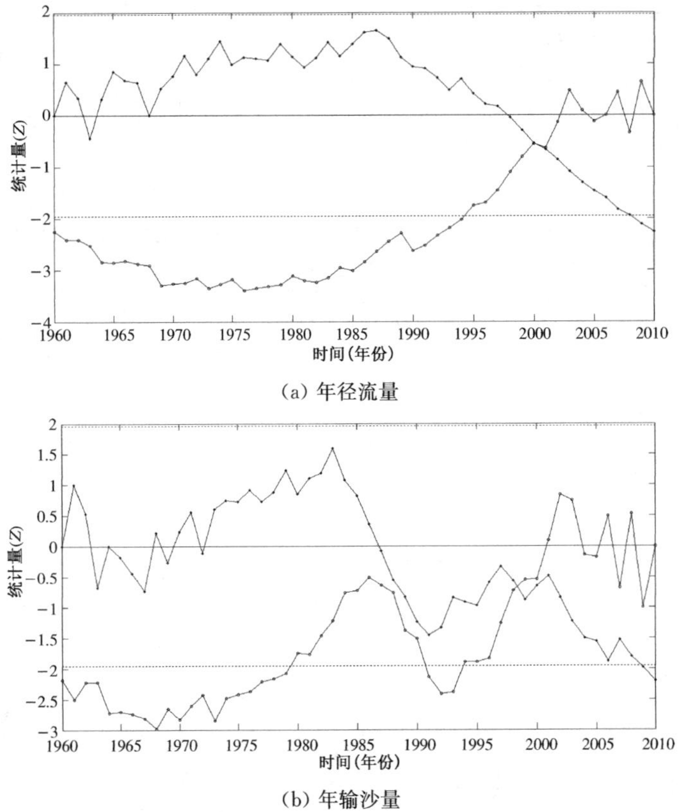

(a) 年径流量

(b) 年输沙量

图 1.35　马口水文站 M－K 统计值

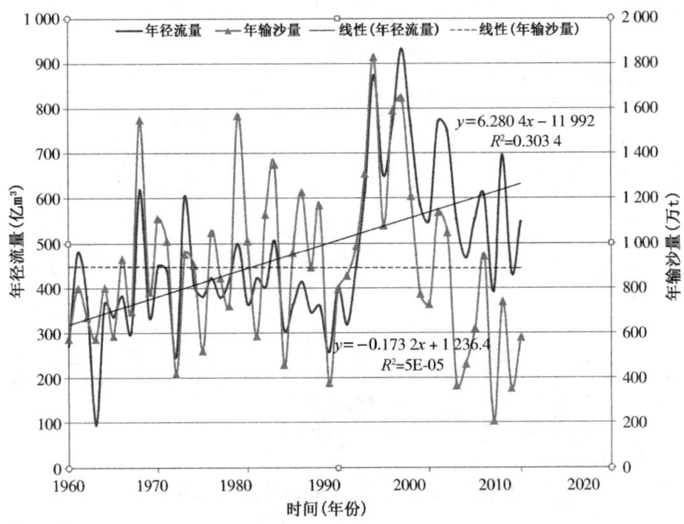

图 1.36　三水水文站年径流量和年输沙量一元线性趋势图

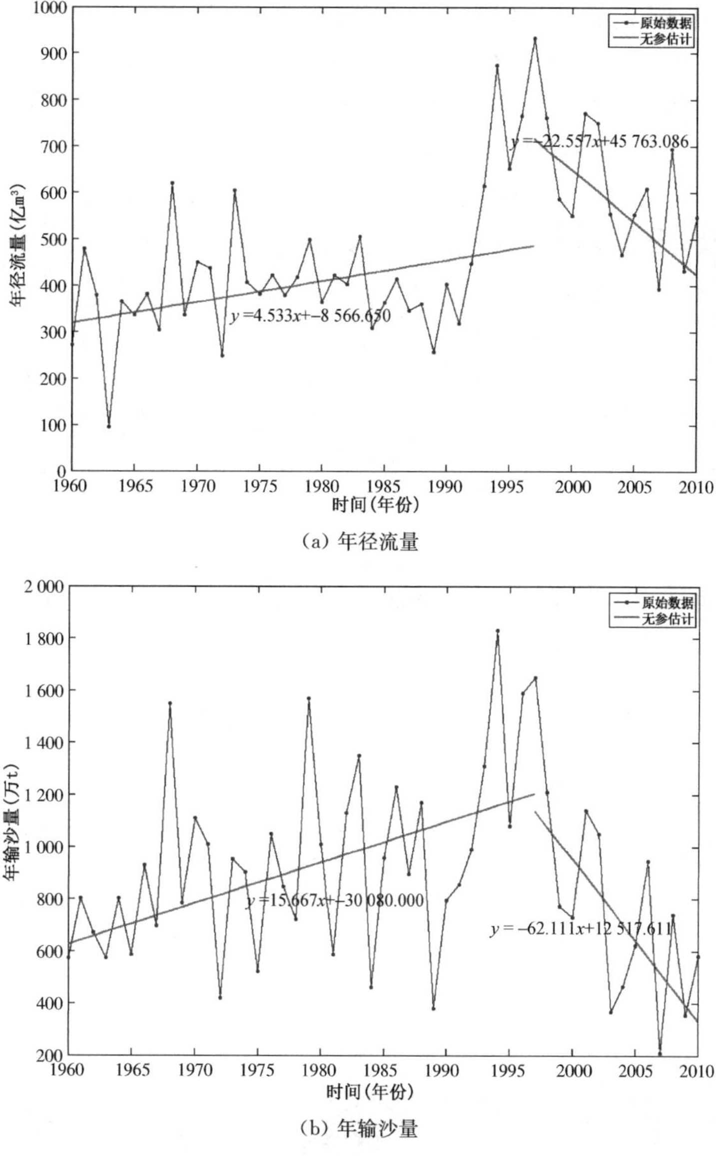

(a) 年径流量

(b) 年输沙量

图 1.37 三水水文站非参数线性趋势图

流量均值为 436 亿 m^3,C_v 为 0.382,直线斜率为 4.533;1997—2010 年年径流量均值为 614 亿 m^3,C_v 为 0.245,直线斜率为−22.557。1960—1997 年年输沙量均值为 956 万 t,C_v 为 0.377,直线斜率为 15.667;1997—2010 年年输沙量均值为 773 亿 m^3,C_v 为 0.510,直线斜率为−62.111。第 1 系列三水水文站的水、沙输送量的趋势一致,均上升,但输沙的上升的幅度比径流大,即沙量的增加比水量多;第 2 系列水、沙输送量的趋势均呈下降趋势，但是输沙量的下降幅度比径流大很多。

由图 1.38 可知，三水水文站年径流量在 1989 年左右发生突变。此外，有研究表明，三水水文站丰水年和枯水年的出现具有一定的周期性，基本与太阳黑子活动的周期一致。年输沙量基本无突变。

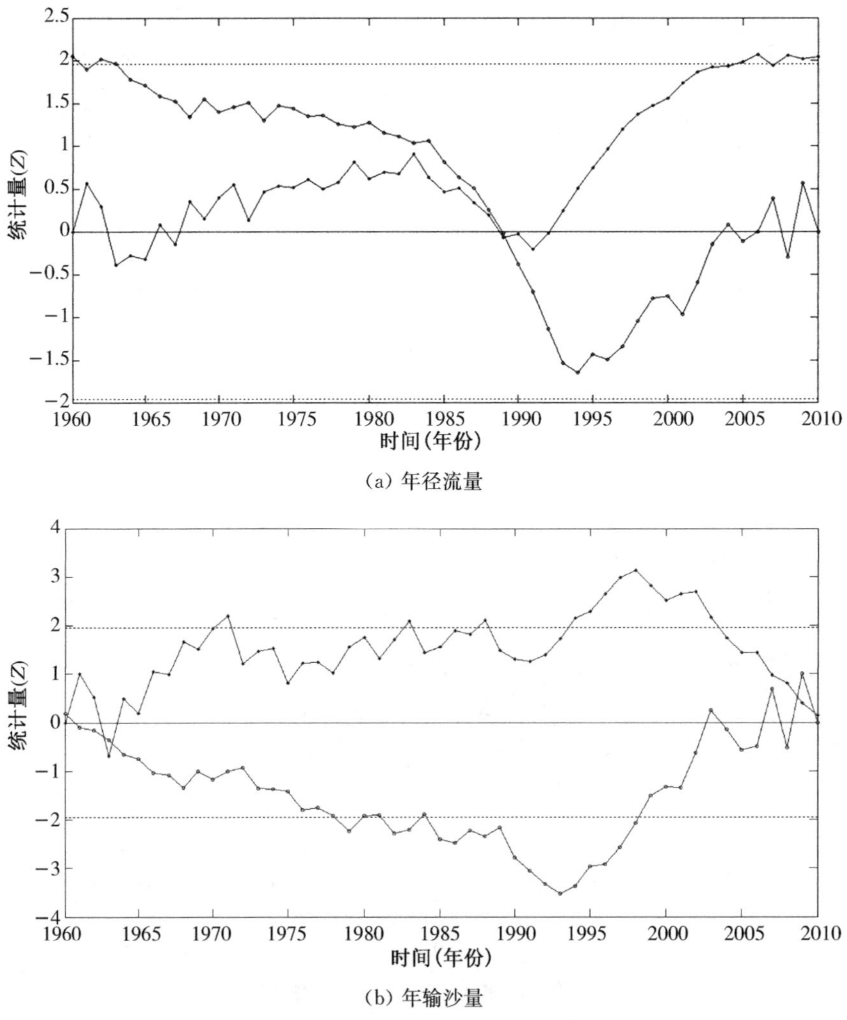

(a) 年径流量

(b) 年输沙量

图 1.38　三水水文站 M－K 统计值

3. 水沙关系分析

(1) 梧州水文站水沙关系分析。在 excel 文档中点绘径流量和输沙量数据(图 1.39)，两者的指数关系式为 $y = 725.25e^{0.0009x}$，$R^2 = 0.2891$。点绘累积年径流量与累计年输沙量关系如图 1.40 所示，曲线在 1985 年、1994 年和 2000 年分别出现突变。

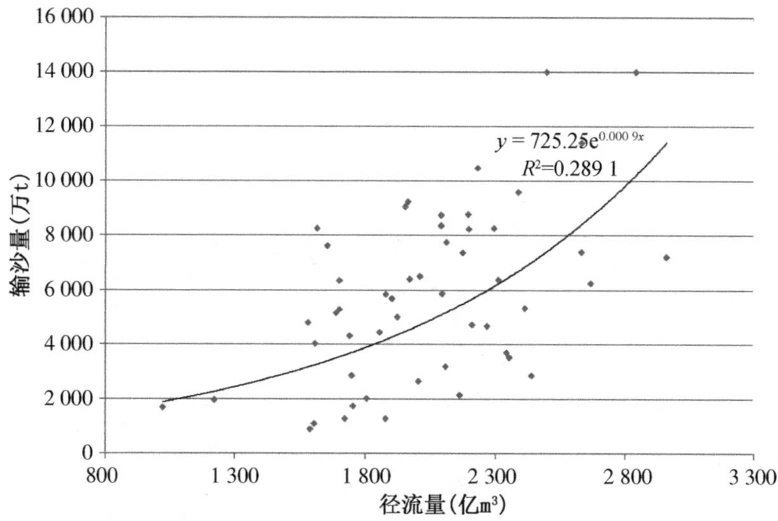

图 1.39　梧州水文站径流量与输沙量关系图

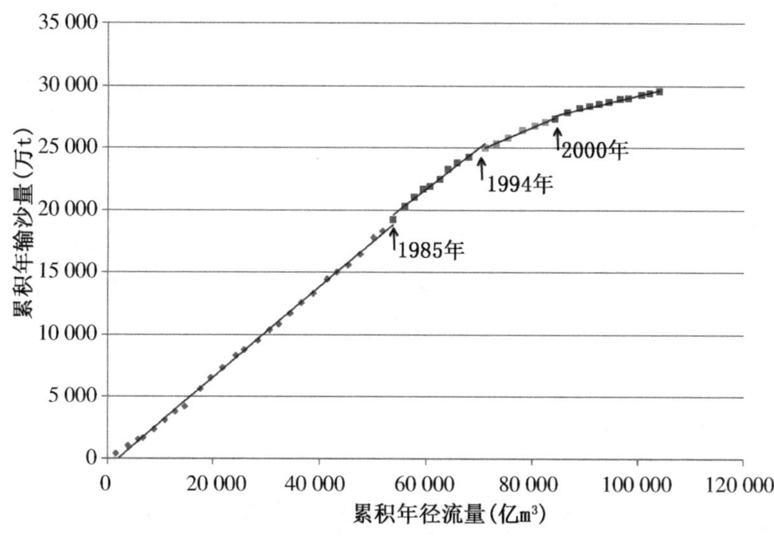

图 1.40　梧州水文站累积年径流量与累计年输沙量关系图

(2) 高要水文站水沙关系分析。在 excel 文档中点绘径流量和输沙量数据，如图 1.41 所示，两者的指数关系式为 $y=800.05e^{0.000\,9x}$，$R^2=0.416\,0$。点绘累积年径流量与累计年输沙量关系如图 1.42 所示，曲线在 1981 年、1994 年和 2001 年分别出现突变。

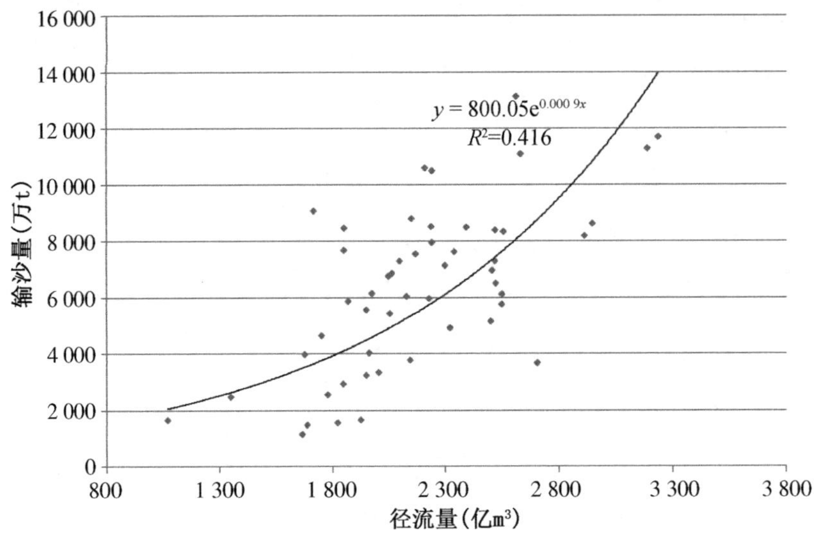

图 1.41　高要水文站径流量与输沙量关系图

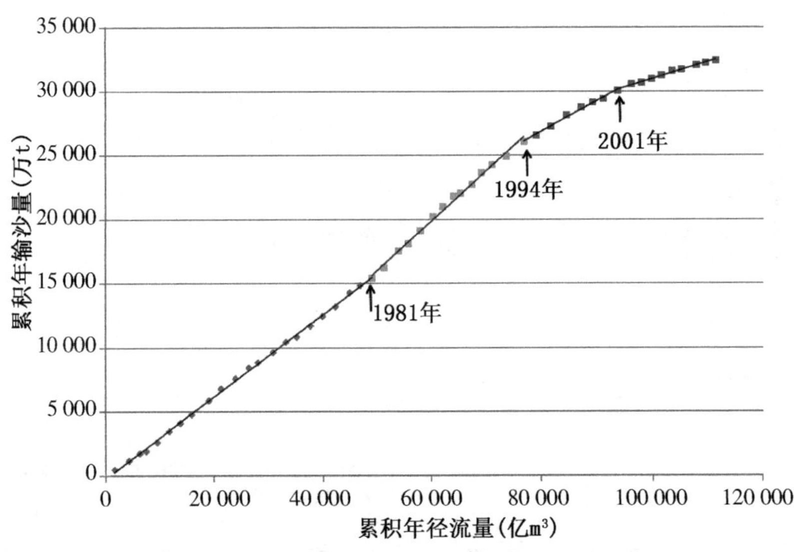

图 1.42　高要水文站累积年径流量与累计年输沙量关系图

(3) 马口水文站水沙关系分析。在 excel 文档中点绘径流量和输沙量数据，如图 1.43 所示，两者的指数关系式为 $y=844.50e^{0.000\,8x}$，$R^2=0.254\,0$。点绘累积年径流量与累计年输沙量关系如图 1.44 所示，曲线在 1967 年、1993 年和 1999 年分别出现突变。

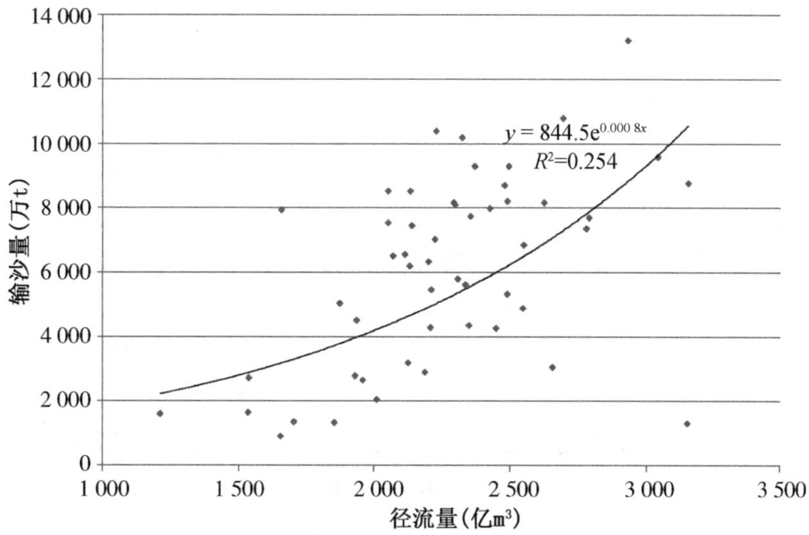

图 1.43　马口水文站径流量与输沙量关系图

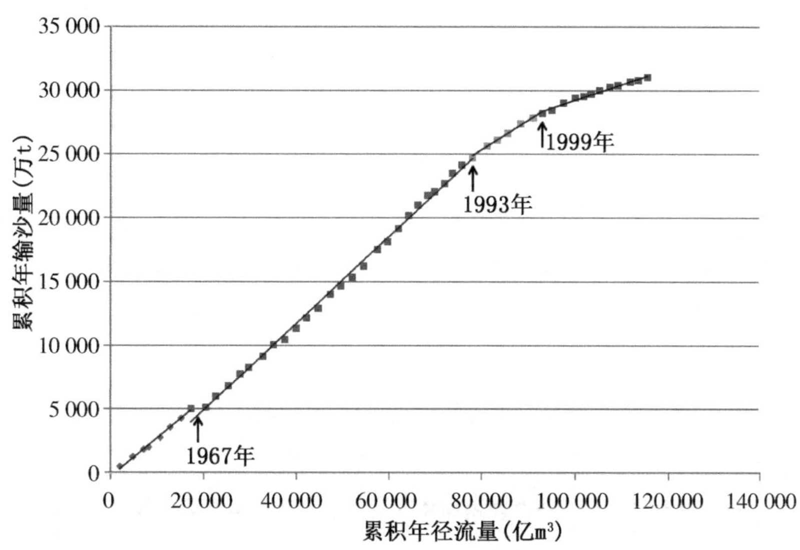

图 1.44　马口水文站累积年径流量与累计年输沙量关系图

(4) 三水水文站水沙关系分析。在 excel 文档中点绘径流量和输沙量数据，如图 1.45 所示，两者的指数关系式为 $y=423.56e^{0.0014x}$，$R^2=0.2746$。点绘累积年径流量与累计年输沙量关系如图 1.46 所示，曲线在 1998 年出现突变。

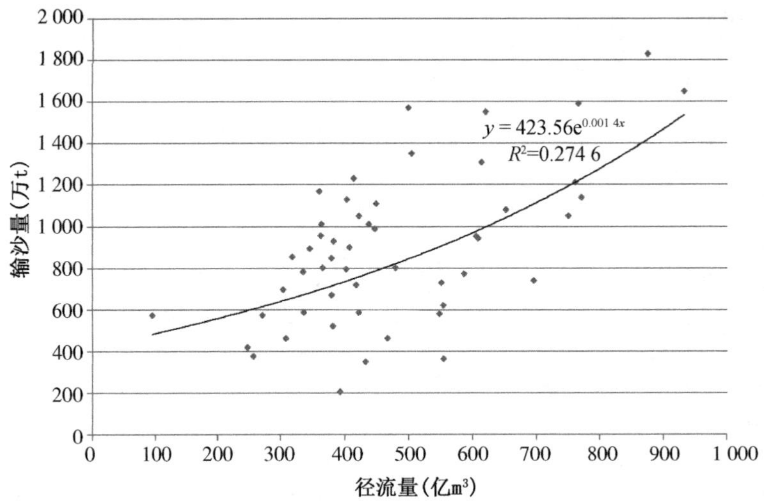

图 1.45　三水水文站径流量与输沙量关系图

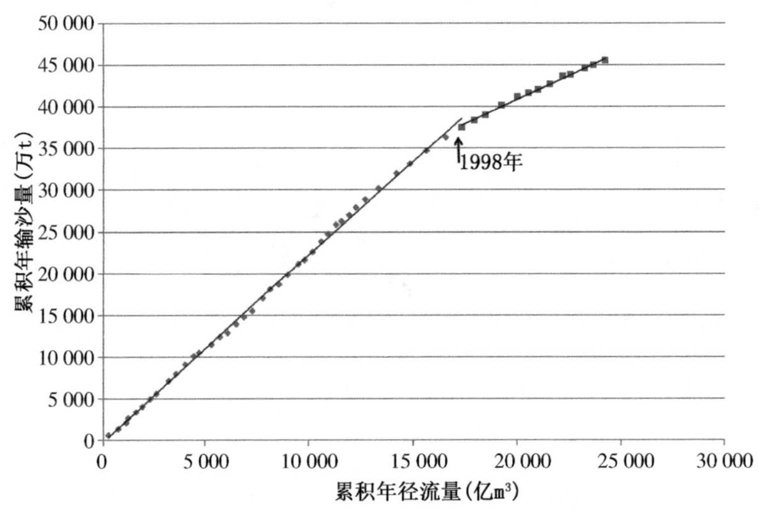

图 1.46　三水水文站累积年径流量与累计年输沙量关系图

4. 小结

从以上梧州、高要、马口、三水 4 个水文站的水沙年际变化分析可以看到，西江 3 个水文站最大的年输沙量均出现在 1983 年，梧州水文站和高要水文站最大的水量出现在 1994 年；4 个水文站最小的年输沙量和最小水量出现的年份均一致，分别为 2007 年和 1963 年。从水沙年内变化分析可以看到，水沙变化基本一致，年内水沙分配较为集中，连续 5 个月(5—9 月)的水沙量均占年总量的大部分。月最大值一般出现在 6—7 月，月最小值一般出现在 12 月或次年的 1 月。西江 3 个水文站水沙四分位区间距最大均出现在 7 月，最小均出现在次年 1 月；而北江三水水文站水沙四分位区间距最大出现在 7 月，最小出现在 12 月。

从 4 个站的水、沙趋势分析可以看到，西江流域 1960 年至 2010 年年径流量和年输沙量的总体趋势基本一致，都呈下降趋势，且年输沙量的下降幅度比较大。特别是 20 世纪 90 年代以来，年均输沙量显著下降。51 年中，年径流量和年输沙量均有突变。北江三水水文站 51 年来年径流量总体上随时间呈上升趋势，有突变；年输沙量的总体趋势趋于平稳，基本无突变。20 世纪 90 年代之后，平均年径流量和平均年输沙量都有所增加，但是年径流量增加的幅度较大。

各站符合指数关系，从径流量、输沙量的相关关系看，西江流域不同区域、不同时期受人类干扰的方式和程度有所不同，水沙相关关系的差异较明显。4 个站的水沙关系的点据都较为分散，说明受人类活动的干扰强烈。另外，累积年径流量与累计年输沙量在其关系图中均有突变。

1.3.4　影响因素分析

气候变化和人类活动是河流输沙发生变化最重要的两个影响因素。气候变化的影响具有长期性和根本性的特征，而人类活动的影响则具有“突发性”特征。越来越多的证据显示，人类活动对河流入海泥沙产生的影响已占主导地位，并且也越来越具有长期性和根本性的特征。人类活动对河流入海泥沙的影响主要表现在水土保持项目的实施、植树造林、水库建设、引水调水、河流采砂、矿产开发、道路施工以及土地开发等方面。上述活动对河流泥沙的影响程度与变化方向各不相同，人类活动对河流泥沙影响的净效应取决于上述影响因素的平衡结果。

从以上的分析可以看出，20 世纪 90 年代以后，西江处于丰水周期。20 年中，梧州水文站先后发生了 6 场洪峰水位超过 24.50 m(1985 国家高程基准)的较大洪水，分别在 1994 年 6 月、1994 年 7 月、1997 年 7 月、1998 年 6 月、2005 年 6 月和 2008 年 6 月。除 1991 年、1994 年和 1997 年，90 年代以后梧州水文站、高要水文站和马口水文站年输沙量均小于多年平均值并呈急剧趋势。河流泥沙一般以悬移质泥沙方式体现，主要是通过径流、洪水挟带而来，输沙量的大小由径流量和含沙量所决定，总体表现出“水多沙多”的特点。而 20 世纪 90 年代以来西江出现的丰水周期、河流年输沙量逐步偏小与上述规律不一致。西江河段泥沙出现较大变化的主要原因是由于人类活动的影响，主要表现为西江上游水库等诸多水利工程的建设、水土保持及河流采砂等。

1. 水库影响

西江已建成大型水库36座，总库容290亿 m^3。西江来沙量减少主要与流域上游自20世纪50年代以来兴建的大量水利工程有关，尤其是80年代中后期开始广泛进行水电梯级开发，到21世纪初期，中、大型水电站建设进入高峰。一般情况下，在河流上修建水库以后，泥沙一方面会在水库中淤积，另一方面在坝址以下河道的若干距离内发生冲刷。水库的泥沙淤积问题是一个非常复杂的物理过程，影响因素很多，如水库的地形地貌特点、河流的来水来沙情况、库区植被覆盖条件、水库的功能和运行管理方式等，因此要准确估计水库的泥沙淤积是比较困难的。根据张星的研究可知，西津水库大坝从1963年开始挡水到1998年的36年间的总淤积量为3.035 4亿 t，多年平均淤积量为843.17万 t，占西津水库多年平均悬移质输沙量1 420万 t的59.4%。沈鸿金指出，从1960—1983年大化水库建成前的24年里，红水河天峨水文站至迁江水文站河段总的来说是被冲刷，冲刷总量为6 818万 t，平均每年冲刷量为284万 t；而大化水库建成至1992年岩滩水库建成前的9年时间里，表现为淤积，淤积量为3 528万 t，平均每年淤积392万 t；当岩滩水库在1993年建成后至2005年这13年时间里，淤积量更大，达到33 631万 t，平均每年淤积2 587万 t。黔江武宣、郁江贵港至浔江大湟江口1954—2005年河段冲淤基本平衡并略有淤积；浔江大湟江口至西江梧州河段泥沙冲淤基本平衡；西江梧州河段至高要河段泥沙冲淤基本平衡并略有冲刷。

结合各水利工程的运行时间（表1.27）和梧州、高要、马口水文站径流、输沙发生突变的时间，将不同时期的水、沙特征值做出统计（表1.28、表1.29和表1.30），不难看出，20世纪90年代，水量基本平稳，而沙量持续增加，主要与当时的大炼钢铁有关；自20世纪90年代各大水库相继运行后，下游地区的含沙量和输沙量急剧减少，呈现了“水多沙少”现象。西江梧州、高要、马口3个水文站输沙量在20世纪90年代初和21世纪初，分别有两个变化时间节点，应与1992年建成的红水河天生桥二级水电站、岩滩水电站、郁江桂平航运枢纽及2002年开始实施的红水河龙滩水电站截流有关。特别是龙滩和岩滩这2座水电站蓄水后，向下输移的泥沙大幅度减小，造成下游含沙量锐减。在这2个时间段内，梧州水文站的年输沙量由7 650万 t降到1 720万 t、1月平均输沙率由65.6 kg/s降到17.1 kg/s、6月平均输沙率由8 540 kg/s降到2 660 kg/s，分别降低了77.5%、73.9%和68.9%；高要水文站的年输沙量由8 000万 t减少到2 610万 t、1月平均输沙率由80.4 kg/s降到25.7 kg/s、6月平均输沙率由10 100 kg/s降到3 530 kg/s，分别降低了67.4%、68.0%和65.0%；马口水文站的年输沙量由8 140万 t减少到2 260万 t、1月平均输沙率由90.9 kg/s降到45.8 kg/s、6月平均输沙率由8 530 kg/s降到3 170 kg/s，分别降低了 72.2%、49.6%和 62.8%。

表 1.27　各大水利工程运行时间

水利工程名称	第 1 机组开始运行时间	全部机组运行时间	水利工程名称	第 1 机组开始运行时间	全部机组运行时间
天生桥一级水电站	1998 年	2000 年	乐滩水电站	2004 年	2005 年
天生桥二级水电站	1992 年	1999 年	桥巩水电站	2008 年	2009 年
平班水电站	2004 年	2005 年	百色水利枢纽	2005 年	2006 年
龙滩水电站	2007 年	2009 年	那吉航运枢纽	2007 年	2008 年
岩滩水电站	1992 年	1995 年	西津水电站	1964 年	1979 年
大化水电站	1983 年	1986 年	桂平航运枢纽	1992 年	1993 年
百龙滩水电站	1996 年	1999 年			

表 1.28　梧州水文站不同时期的水沙特征值统计表

水沙资料统计时段	年均径流量(10^8 m^3)	1 月平均流量(m^3/s)	6 月平均流量(m^3/s)	年均输沙量(10^4 t)	1 月平均输沙率(kg/s)	6 月平均输沙率(kg/s)
1960—1963 年天然状态	1 719	1 960	9 580	4 280	48.2	3 410
1964—1982 年西津水电站运行	2 142	1 790	13 200	7 920	37.4	6 760
1983—1991 年西津水电站、大化水电站运行	1 828	1 860	12 000	7 650	65.6	8 540
1992—2001 年各大水库同时运行	2 241	1 910	15 200	4 870	53.4	4 710
2002—2010 年各大水库同时运行	1 890	2 340	15 400	1 720	17.1	2 660

表 1.29　高要水文站不同时期的水沙特征值统计表

水沙资料统计时段	年均径流量(10^8 m^3)	1 月平均流量(m^3/s)	6 月平均流量(m^3/s)	年均输沙量(10^4 t)	1 月平均输沙率(kg/s)	6 月平均输沙率(kg/s)
1960—1963 年天然状态	1 848	2 090	10 300	4 760	79.8	3 370
1964—1982 年西津水电站运行	2 302	2 000	13 900	7 610	31.9	6 120

续表

水沙资料统计时段	年均径流量(10^8 m^3)	1月平均流量(m^3/s)	6月平均流量(m^3/s)	年均输沙量(10^4 t)	1月平均输沙率(kg/s)	6月平均输沙率(kg/s)
1983—1991年西津水电站、大化水电站运行	1 973	2 100	12 700	8 000	80.4	10 100
1992—2001年各大水库同时运行	2 471	2 100	16 200	6 380	37.3	6 300
2002—2010年各大水库同时运行	1 992	2 400	16 200	2 610	25.7	3 530

表1.30 马口水文站不同时期的水沙特征值统计表

水沙资料统计时段	年均径流量(10^8 m^3)	1月平均流量(m^3/s)	6月平均流量(m^3/s)	年均输沙量(10^4 t)	1月平均输沙率(kg/s)	6月平均输沙率(kg/s)
1960—1963年天然状态	2 061	2 390	11 400	4 900	42.9	3 450
1964—1982年西津水电站运行	2 437	2 330	14 700	7 480	39.3	6 940
1983—1991年西津水电站、大化水电站运行	2 087	2 560	13 300	8 140	90.9	8 530
1992—2001年各大水库同时运行	2 377	2 200	15 200	2 350	63.2	5 120
2002—2010年各大水库同时运行	1 997	2 650	15 900	2 260	45.8	3 170

2. 水土流失及治理

(1) 水土流失概况。水土流失是指人类对土地的利用,特别是对水土资源不合理的开发和经营,使土壤的覆盖物遭受破坏、裸露的土壤受水力冲蚀、流失量大于母质层育化成土壤量的情况。

水土流失已成为当今世界备受关注的问题,因为它直接关系到生态平衡。根据自然、社会经济状况和水土流失的差异,珠江流域可以分为3个水土流失类型区,即上游云贵高原区、中游岩溶区、下游丘陵及三角洲平原区。20世纪80年代中期,由于流域内很多地方的森林遭受破坏,茂盛的原始森林逐渐退化为次生林、灌木林,甚至成为荒山,加剧了水土流失。广西的水土流失面积从20世纪五六十年代的12 000 km^2,增加到了80年代的30 600 km^2,增加了1.55倍;而同期广东省水土流失面积从 7 444 km^2 增加到了 17 070 km^2，增加了 1.3 倍。自 20 世纪 80 年代中期开始，随着各种水土保持措施的实施，珠江流域的水土流失面积逐渐减少。孟庆贺在《我国七大流域水土流失现状分析》中指出，广东省 20 世纪 90 年代的水土流失面积仍有 8 650 km^2，比 80 年代相比有所下降。与珠江流域水土流失面积变化的过程相对应，珠江流域的输沙量也经历了一个先增加后下降的过程。2005 年，刀红英统计得出，南盘江主干流上游段多年平均输沙量 107.52 万 t，历年最大输沙量 303 万 t；中游段多年平均输沙量 416.22 万 t，历年最大输沙量 1 670 万 t。

(2) 水土流失原因。

① 地形因素。珠江流域总的地势是西北高、东南低，山地丘陵多，平原面积少而分散，为水土流失创造了条件。

② 岩石条件。水土流失大多发生在易风化的花岗岩、砂页岩等山地丘陵区以及易受水力侵蚀的碳酸盐岩类岩溶地区。花岗岩丘陵区普遍存在两级侵蚀面，加深了河沟下切和坡面冲刷的深度。此外，由于第三纪至第四纪的新土岩，其岩性结构疏松，易于风化，成土后易被冲蚀。广东省最普遍的岩浆岩、层积岩中的碳酸岩和红色碎屑岩中的风化土最易发生水土流失现象。

③ 水文气象条件。降雨和径流是水土流失的动力。珠江流域大部分地区的降雨量都在 1 000 mm 以上，雨量集中在汛期 4—9 月，暴雨次数多，暴雨量大。广东省大部分地区最大 1 天降雨量都在 200 mm 以上，个别地区达 300～400 mm。台风暴雨、对流雨和锋面雨时常发生，暴雨急流对没有植被覆盖和易被冲蚀的土壤大量侵蚀，引起严重的水土流失。此外，广东、广西的气温高，日温差大，也使土壤易于破碎，这是造成水土流失的另一个条件。

④ 人为因素。人类活动的深度、广度，对生态环境的破坏越来越严重，加速了水土流失的过程。一是森林大量砍伐、植被破坏、人口增加、土地相对减少；二是不合理的工程建设、无计划的乱开矿山，往往由于无水土保持措施、设备不健全而导致水土流失的发生。此外，修建公路、铁路，大规模兴建各类工程，许多没有考虑水土保持措施，引起比较严重的水土流失现象。

(3) 水土流失的治理。

① 水土流失治理工作的主要成绩。一是小流域治理成绩显著。以集水面积小于 100 km^2 的流域为单元进行综合规划，根据流域特点使用不同的水土保持措施，坡面上修水平梯田，造林、种草，使工程措施、生物措施和耕作措施各尽其能，相互补充、相互促进。自 1980 年以来，珠江流域内的不同类型区分批布设了 24 条试点小流域，以探索各种类型区水土流失的治理途径和开发模式。经过近 30 年的艰苦探索，已初步形成了一套行之有效的治理和管理体系，为珠江流域面上水土保持

积累了丰富经验。

二是重点防治区综合治理成效显著。南北盘江中上游地区是珠江流域水土流失最严重的地区。1992 年经水利部批准，该地区被列为“国家水土流失重点防治区”。第一期治理工程涉及云南、贵州两省的 7 个县(市、区)的 26 条小流域，1992 年工程开工，1996 年工程竣工，1998 年有 21 条小流域顺利通过工程竣工验收。通过验收的 21 条小流域共完成治理水土流失面积 677.96 km^2，完成投资 6 066.59 万元，经济、社会和生态效益显著。

三是水土保持的预防监督执法工作进展顺利。《中华人民共和国水土保持法》自 1991 年 6 月颁布实施以来，珠江流域内各省(区)相继开展了水土保持的预防监督执法试点工作，特别是 1992 年全国第一批水土保持监督执法试点县成功经验的推广，有力地推进了珠江流域水土保持法制化的进程。

四是城市水土保持工作取得进展。流域内的一些试点城市建立了水土保持机构，落实了编制，配备了人员，制定了地方性水土保持法规，坚持城乡统一管理；狠抓城市基本开发建设项目“三权一方案”(审批权、监督权、收费权和水土保持方案)的落实；提出了加强城市水土保持工作的意见和具体方法等，取得了一定的成效。

② 重点开展的工作。为规范水土保持工程建设管理、加快工程建设进度，根据《水利部办公厅关于开展 2013 年国家水土保持重点工程督查的通知》(办水保〔2014〕88 号)要求，2014 年水利部珠江水利委员会先后派出 3 个督查组对云南、贵州、广西 14 个县的“2013 年国家水土保持重点工程”实施情况进行了督查，并形成了督查报告及时上报水利部。同时对云南、贵州、广西“2013 年度滇黔桂岩溶区农业综合开发水土流失综合治理项目”工程建设情况进行了检查，针对检查发现的问题，举办了滇黔桂岩溶区农业综合开发水土流失治理项目技术培训班，组织各项目县(市)学习了国家农业综合开发水土保持项目有关管理办法，总结交流好的管理经验，更好地推动了滇黔桂岩溶区农业综合开发水土流失治理项目顺利实施。

③ 进一步要开展的工作。一是要搞好水利工程建设，这是减少水灾发生的根本保障，也是促进生物措施尽快生效和减少水土流失的有力措施。

二是要深入开展有关的科学研究，包括流域内植被生态特性、生态环境特征及其演变规律、水土流失特征及其治理方法等，并及时将研究成果应用到实践中。

三是将治理与开发结合起来，实施可持续发展战略，使珠江流域的贫困人口尽早脱贫，共同走向富裕。

四是进一步构建和完善珠江流域水土保持补偿机制，包括水土保持流域管理体制、水土保护流域统筹管理机制和水土保持生态补偿专项基金等。

五是大力发展教育，提高全民素质，使广大民众具有生态意识、环保意识和忧患意识，能自觉加入治理和保护珠江流域生态环境的大潮中来。

3. 河道采砂

(1) 高要、马口、三水水文站断面成果对照。随着社会经济的进一步发展，西江流域下游河段，挖砂量有增无减，再加上水量对河床的冲刷，使断面不断加深、拓宽。

采用高要、马口、三水水文站 1990—2003 年、2005 年、2008 年和 2010 年实测大断面资料分析大断面的变化情况。高要、三水水文站河段在 1992 年前、马口水文站在 1994 年前，历年断面冲淤基本平衡，中泓河底高程变化不大。高要、三水水文站河段在 1992 年后、马口水文站河段在 1994 年后，河床逐年大幅下切，断面面积逐年显著增大。

从表 1.31 可知，高要水文站 2 m 水位对应的断面面积 2010 年较 1990 年增加了 31.3%；最深河底高程在 1995 年达到了－16.93 m，2010 年河底高程为－16.40 m，分别较 1990 年的河底高程－10.67 m 下降了 6.26 m 和 5.73 m。马口水文站 2 m 水位对应的断面面积在 1998 年最大，为 13 000 m^2，比 1990 年的面积增加了 19.3%；河底高程达到了－26.19 m，比 1990 年下切了 7.11 m。三水水文站 2 m 水位对应的断面面积较 1990 年的数值基本是逐年增加，到 2010 年断面面积已经增加到了 4 500 m^2，增加了 120.6%；河底高程基本也是逐年变低，到 2010 年已经为－16.60 m，较 1990 年减少了 6.79 m。

由 3 个水文站的 2 m 水位对应的面积关系也可以看到，随着时间的推移，同级水位下的断面面积越来越大。

(2) 沿程输沙量对照分析。在西、北江中、下游地区，由于大量采挖河砂，造成河床底质疏松，因而比上游地区更容易被水冲刷。收集西、北江干、支流主要控制水文站梧州、官良、高要、马口、三水、石角水文站 1992 年、1999 年、2003 年、2005 年、2008 年和 2010 年的输沙量资料(表 1.32)可以知道，在西江洪水量级不大的年份内，西江中、下游控制水文站的年输沙量表现为下游断面略大于上游断面，说明河床是略有冲淤或处于基本平衡状态，这与 1992 年以前高要、马口、三水水文站历年断面面积变化不大，中泓河底高程变化不大，冲淤状况基本平衡的情况是一致的。

但是西江洪水量级大的时候，一般会携带较多的砂量，例如 2005 年便是如此。

表 1.31　高要、马口、三水水文站断面面积及最深河底高程情况表

年份	高要水文站				马口水文站				三水水文站			
	2 m 水位对应面积(m^2)	变化值(%)	最深河底高程(m)	变化值(m)	2 m 水位对应面积(m^2)	变化值(%)	最深河底高程(m)	变化值(m)	2 m 水位对应面积(m^2)	变化值(%)	最深河底高程(m)	变化值(m)
1990	9 370		−10.67		10 900		−19.08		2 040		−4.81	
1991	9 480	1.2	−10.55	0.12	10 900	0.0	−18.63	0.45	2 160	5.9	−5.46	−0.65
1992	10 100	7.8	−12.47	−1.80	10 800	−0.9	−18.53	0.55	2 170	6.4	−6.03	−1.22
1993	10 100	7.8	−15.25	−4.58	10 400	−4.6	−18.13	0.95	2 120	3.9	−5.92	−1.11
1994	10 100	7.8	−12.33	−1.66	10 700	−1.8	−18.94	0.14	2 480	21.6	−6.88	−2.07
1995	11 000	17.4	−16.93	−6.26	11 100	1.8	−18.97	0.11	2 820	38.2	−6.41	−1.60
1996	10 200	8.9	−16.42	−5.75	11 000	0.9	−19.19	−0.11	3 000	47.1	−7.09	−2.28
1997	10 100	7.8	−15.19	−4.52	11 900	9.2	−21.14	−2.06	3 350	64.2	−8.80	−3.99
1998	10 900	16.3	−15.75	−5.08	13 000	19.3	−26.19	−7.11	3 620	77.5	−8.26	−3.45
1999	10 700	14.2	−14.15	−3.48	12 400	13.8	−24.88	−5.80	3 760	84.3	−8.36	−3.55
2000	10 600	13.1	−15.14	−4.47	12 200	11.9	−22.80	−3.72	3 740	83.3	−9.02	−4.21
2001	10 800	15.3	−15.49	−4.82	12 400	13.8	−22.86	−3.78	3 820	87.3	−9.24	−4.43
2002	10 900	16.3	−13.83	−3.16	12 300	12.8	−24.62	−5.54	3 950	93.6	−10.15	−5.34
2003	11 100	18.5	−14.09	−3.42	12 400	13.8	−24.74	−5.66	4 070	99.5	−10.60	−5.79
2005	10 900	16.3	−13.73	−3.06					4 340	112.7	−11.19	−6.38
2008	11 600	23.8	−14.12	−3.45					4 480	119.6	−11.48	−6.67
2010	12 300	31.3	−16.40	−5.73					4 500	120.6	−11.60	−6.79

注：因马口水文站断面位置有改动，资料截至 2003 年。

表 1.32　西、北江干、支流输沙量平衡分析表　　单位：万 t

序号	水文站	年　份　(年)					
		1992	1999	2003	2005	2008	2010
1	梧州	5 130	2 660	1 280	2 010	2 850	1 290
2	官良	126.8	14.3	13.6	26.9	110	110
3	高要	6 180	3 790	1 560	2 930	3 680	1 670
4	马口	6 380	3 190	1 350	2 780	3 060	2 050
5	三水	990	773	366	622	739	581
6	石角	754	180	202	432	576	725
7	“1+2”	5 313.9	2 731.7	1 347.5	2 036.9	2 960	1 400
8	“3−7”	866.1	1 058.3	212.5	893.1	720	270
9	“4+5−6”	6 616	3 783	1 514	2 970	3 223	1 906
10	“9−3”	436	−7.0	−46.0	40	−457	236
高要水文站洪水量级(m^3/s)		35 700	34 600	24 700	55 000	47 200	26 500

(3) 思贤滘分流变化。思贤滘连接西、北江，使西、北江洪水互相顶托并起着分流、调节作用。在西、北江下游河床未出现下切现象、冲淤状况基本平衡时，北江三水水文站附近河段平均河底高程比西江马口水文站附近河段平均河底高程高 10 m 左右，但西江流量比北江流量大，从而使思贤滘水流流向年内变化不定。佛山水文局的郭志强在《思贤滘的水流特征及三水水文站河床下切分析》中，利用多年的资料分析，认为思贤滘在枯水期基本上顺流次数多于逆流次数，洪水期则相反。思贤滘的分流规律一般为：洪水期当北江石角水文站的流量与西江高要水文站的流量比大于 30%时，北江洪水经思贤滘流入西江，最大过滘流量约 6 000 m^3/s，出现“北江洪水顶托”现象；当石角水文站的流量与高要水文站的流量比小于 20%时，西江洪水经思贤滘流向北江，最大过滘流量约 7 500 m^3/s；其他时期基本为北江水过思贤滘流入西江。

1988 年以来，由于河道人工采砂规模逐步加大，西、北江下游河床逐年下切，特别是 1992 年以后，西、北江下游河床下切幅度更大，由表 1.31 不难看出，北江下游河段(三水水文站)河床下切较西江下游河段(马口水文站)下切严重。思贤滘分流逐步转变为西江水过思贤滘流向北江。由表 1.33 可以看到，西江发生洪水时，北江洪水过思贤滘流向西江的现象基本没有出现，北江洪水规模只是起到控制西江洪水过思贤滘流量作用。随着西、北江洪水遭遇的不同，思贤滘的分流比和分流量也不同。思贤滘的最大洪峰分流量为 13 500 m^3/s(1996 年)，最小洪峰分流量为 400 m^3/s(2008

年);最大分流比为 32.0%(2004 年),最小分流比为 0.8%(2008 年)。

表 1.33 思贤滘过滘洪峰流量分流比分析表

过洪时间	高要水文站洪峰		马口水文站洪峰		分流量 (m^3/s)	分流比 (%)	梧州峰时清远水位 (m)
	水位 (m)	流量 (m^3/s)	水位 (m)	流量 (m^3/s)			
1988-09-05	12.21	44 800	8.96	37 200	7 600	17.0	9.88
1992-07-09	11.07	35 700	8.09	29 400	6 300	17.6	12.53
1993-07-13	10.34	32 700	7.22	23 800	8 900	27.2	9.0 以下
1994-06-20	13.62	48 700	10.06	46 600	2 100	4.3	16.29
1994-07-25	12.86	45 300	9.42	42 100	3 200	7.1	13.12
1994-08-12	10.64	34 300	7.59	29 500	4 800	14.0	11.18
1996-07-23	11.11	43 500	7.59	30 000	13 500	31.0	8.54
1997-07-11	12.41	45 500	9.04	43 800	1 700	3.7	14.43
1998-06-28	13.32	52 600	9.47	46 400	6 200	11.8	12.64
1999-07-16	9.35	34 600	6.05	26 700	7 900	22.8	8.16
2000-06-14	9.00	34 200	5.77	28 200	6 000	17.5	8.81
2001-06-15	10.21	39 200	7.04	31 600	7 600	19.4	12.81
2001-07-09	10.48	38 500	7.37	33 000	5 500	14.3	9.85
2002-06-20	10.38	41 900	6.91	29 900	12 000	28.6	10.51
2002-07-04	9.88	39 500	6.72	29 200	10 300	26.1	12.18
2002-08-23	10.12	40 600	6.80	29 100	11 500	28.3	9.63
2003-07-01	6.82	24 700	4.28	21 600	3 100	12.6	9.49
2004-07-14	8.46	36 100	5.20	26 100	10 000	27.7	9.01
2004-07-24	9.47	40 600	6.02	27 600	13 000	32.0	9.0 以下
2005-06-23	12.68	55 000	8.97	53 200	1 800	3.3	12.62
2008-06-16	11.39	47 200	8.26	46 800	400	0.8	13.95

1.3.5 结论

利用西江下游主要水文控制站(梧州水文站、高要水文站、马口水文站)以及北江流域主要水文控制站(三水水文站)4 个水文站 1960 年至 2010 年的水、沙年、月序列资料，采用文献分析法、一元线性回归法、非参数线性趋势法、累积距平法、双累积曲线法和 M-K 法分析 51 年来西江流域水、沙趋势及突变情况，探讨了水库、水土流失、河流采砂等对其的可能影响程度。

分析得到：

(1) 西江流域 1960 年至 2010 年年径流量和年输沙量的总体趋势基本一致，都是下降，且年输沙量的下降幅度较大。特别是 20 世纪 90 年代以来，年均输沙量显著下降。51 年中，年径流量和年输沙量均有突变。北江三水水文站 51 年来年径流量总体上随时间呈现上升趋势，有突变；年输沙量的总体趋势趋于平稳，基本无突变。20 世纪 90 年代之后，平均年径流量和平均年输沙量都有所增加，但是年径流量增加的幅度较大。

(2) 分析梧州、高要、马口、三水 4 个水文站的水、沙年内变化，可以看到，水沙变化基本一致，年内水沙分配较为集中，连续 5 个月(5—9 月)的水沙量均占年总量的大部分。

(3) 各站符合指数关系，从径流量、输沙量相关关系看，西江流域不同区域、不同时期受人类干扰的方式及程度不同，水沙相关关系的差异较明显。4 个水文站的水沙关系的点据都较为分散，说明受人类活动的强烈干扰。

分析认为：

(1) 西江来沙量减少主要与流域上游自 20 世纪 50 年代以来兴建的大量水利工程有关。自 90 年代各大水库相继运行后，下游地区的含沙量和输沙量急剧减少，呈现出“水多沙少”的现象。西江梧州、高要、马口 3 个水文站输沙量在 20 世纪 90 年代初和 21 世纪初，分别有 2 个变化时间节点，应与 1992 年建成的红水河天生桥二级水电站、岩滩水电站、郁江桂平航运枢纽及 2002 年开始实施的红水河龙滩水电站截流有关。特别是岩滩和龙滩这 2 座龙头水电站蓄水后，向下游输移的泥沙大幅度减小，造成下游含沙量锐减。

(2) 珠江流域开展的水土流失以及水土保持措施，在一定程度上影响着输沙。与珠江流域水土流失面积变化的过程相对应，珠江流域的输沙量也经历了一个先增加后下降的过程。

(3) 随着经济建设事业发展，西江流域挖沙量逐年增加，水量增加后处于不饱和状态下的水流必然要进一步冲刷河床，使河床床面进一步下降和拓宽。在西江洪水量级不大的年份内，西江中、下游控制水文站的年输沙量表现为下游断面略大于上游断面，说明河床是略有冲淤或基本平衡状态。这与 1990 年以前高要、马口、三水水文站历年断面面积变化不大、中泓河底高程变化不大、冲淤状况基本平衡的情况是一致的。有较大洪水的时候，泥沙会有淤积。

通过对西江流域水、沙时空演变特征与成因的分析研究，不仅有助于揭示西江河床演变的特征与机制，而且对珠江流域河口海岸的地形演变、生态系统等都具有重要意义。本书主要是在水库、水土流失、河道采砂等方面分析了原因，其分析的深度和广度还需进一步加强。另外，对于水、沙演变特征的影响因素，除了这三个因素以外，还有气候变化、降水等诸多因素，将在后续的工作中进行深入研究。

参考文献

[1] 杨远东. 河川径流年内分配的计算方法[J]. 地理学报，1984，39(2)：218-227.

[2] 武汉水利电力学院河流泥沙工程学教研室. 河流泥沙工程学[M]. 北京：水利电力出版社，1983.

[3] 梁中平，张平，季晓云. 高要水文站测潮代表线的验证分析[J]. 肇庆学院学报，2005，26(5)：87-90.

[4] 陆永军. 珠江三角洲网河低水位变化[M]. 北京：中国水利水电出版社，2008.

[5] 杨建平，丁永建，陈仁升，等. 近 40 a 中国北方降水量与蒸发量变化[J]. 干旱区资源与环境，2003，17(2)：6-11.

[6] 周建康，丁正祥，程吉林，等. 南京市六合区降水蒸发规律分析[J]. 扬州大学学报(自然科学版)，2009，12(2)：62-65.

[7] 任健美，翟大彤. 汾河流域降水量及蒸发量的空间变异性分析研究[J]. 太原师范学院学报(自然科学版)，2011，10(2)：135-138.

[8] Zhang Q, Singh V P, Li J, et al. Spatio-temporal variations of precipitation extremes in Xinjiang, China[J]. Journal of Hydrology, 2012, 434:7-18.

[9] 李金坚. 罗定江流域水土保持林存在的问题与改造建议[J]. 中国水土保持. 2003(10)：21-22.

[10] Myers J L, Wagger M G. Runoff and sediment loss from three tillage systems under simulated rainfall[J]. Soil and Tillage Research, 1996, 39(1-2): 115-129.

[11] Vorosmarty C J, Meybeck M, Fekete B, et al. Anthropogenic sediment retention: Major global impact from registered river impoundments[J]. Global and Planetary Change, 2003, 39(1-2): 169-190.

[12] Walling D E, Fang D. Recent trends in the suspended sediment loads of the world's rivers [J]. Global and Planetary Change, 2003, 39(1-2): 111-126.

[13] Dunjo G, Pardini G, Gispert M. The role of land use-land cover on runoff generation and sediment yield at a microplot scale, in a small Mediterranean catchment[J]. Journal of Arid Environments, 2004, 57(2): 239-256.

[14] Deletic A. Sediment transport in urban runoff over grassed areas [J]. Journal of

Hydrology, 2005, 301(1-4): 108-122.

[15] CHAKRAPANI G J. Factors controlling variations in river sediment loads[J]. Current Science, 2005, 88(4): 569-575.

[16] 穆兴民,李靖,王飞,等. 黄河天然径流量年际变化过程分析[J]. 干旱区资源与环境,2003,17(2): 1-5.

[17] 韩添丁,叶柏生,丁永建. 近40 a来黄河上游径流变化特征研究[J]. 干旱区地理,2004,27(4): 553-557.

[18] 黄镇国,张伟强. 珠江三角洲河道近期冲淤特征初步分析[J]. 台湾海峡,2005(4): 417-425.

[19] 张建云,章四龙,王金星,等. 近50年来中国六大流域年际径流变化趋势研究[J]. 水科学进展,2007,18(2): 230-234.

[20] 戴仕宝,杨世伦,蔡爱民. 51年来珠江流域输沙量的变化[J]. 地理学报,2007,62(5): 545-554.

[21] Zhang S R, Lu X X, Higgitt D L, et al. Recent changes of water discharge and sediment load in the Zhujiang(Pearl River) Basin, China[J]. Global and Planetary Change, 2008, 60(3-4): 365-380.

[22] 沈鸿金,王永勇. 珠江泥沙主要来源及时空变化初步分析[J]. 人民珠江,2009, 30(2): 39-42.

[23] Zhang Q, Xu C Y, Chen Y D, et al. Abrupt behaviors of the streamflow of the Pearl River basin and implications for hydrological alterations across the Pearl River Delta, China[J]. Journal of Hydrology, 2009, 377(3-4): 274-283.

[24] 谢绍平. 西江来沙量变化影响分析[J]. 广东水利水电,2010(6): 25-27.

[25] Chen Y D, Zhang Q, Chen X H, et al. Multiscale variability of streamflow changes in the Pearl River basin, China[J]. Stochastic Environmental Research and Risk Assessment, 2012, 26(2): 235-246.

[26] 魏凤英. 现代气候统计诊断与预测技术[M]. 北京: 气象出版社,1999.

[27] 戴仕宝,杨世伦,郜昂,等. 近50年来中国主要河流入海泥沙变化[J]. 泥沙研究,2007(2): 49-58.

[28] 张明,冯小香,郝品正. 长洲枢纽坝下河段水沙变化及河床变形分析[J]. 水运工程,2013(4): 134-138.

[29] 张星. 西津水电站水库泥沙淤积研究[J]. 人民珠江,2003(2): 5-7,40.

[30] 孔繁凌. 从柳江上游的河流含沙量看水土流失的严重性[J]. 中国水土保持,1987(4): 6.

[31] 夏汉平. 论长江与珠江流域的水灾、水土流失及植被生态恢复工程[J]. 热带地理,1999(2): 29-34,64.

[32] 潘靖海. 广西水土保持工作的回顾与展望[J]. 广西水利水电,2004(S2): 47-49.

[33] 刀红英. 对云南珠江流域水保试点工程监测工作的思考[J]. 中国水土保持,2005(7):

22-23.

[34] 陈文贵.珠江流域水土保持工作的回顾与展望[J].人民珠江,2000(4):44-46.

[35] 陶东海,刘艳菊,李峰.珠江流域水土保持生态补偿机制研究[J].黑龙江水利科技,2012,40(9):4-5.

[36] 郭志强.思贤滘的水流特征及三水水文站河床下切分析[J].佛山科学技术学院学报(自然科学版),2001,19(4):57-60.

[37] 谢绍平.西江中、下游河床下切变化及洪水预报改进研究[D].武汉:武汉大学,2004.

第2章

洪水分析与预报

2.1 西江洪水分析

2.1.1 2005年6月西江特大暴雨洪水分析

2005年6月，西江发生特大暴雨，西江重要控制站梧州水文站23日12时洪峰水位为26.75 m，相应流量为53 000 m^3/s；洪水经过演进，于24日6时到达高要水文站，洪峰水位为12.68 m，相应流量为55 000 m^3/s，比历史实测最大流量多2 400 m^3/s。

1. 暴雨

从2005年6月18日开始，受强盛的西南暖湿气流和弱冷空气的共同影响，广西出现强降雨过程，大暴雨中心位于桂北、桂中。从6月18日20时到21日14时，过程累计雨量达250 mm以上的有5个县(市、区)，其中最大的降雨量达到535 mm(象州县)，降雨量100～249.9 mm的有24个县(市、区)，降雨量50～99.9 mm的有10个县(市、区)，降雨量25～49.9 mm有10个县(市、区)。这次暴雨过程来势猛、强度强，持续时间长、影响范围大。

(1) 降雨雨量大，属大暴雨。暴雨中心象州21日、22日的日雨量分别为238 mm、202 mm。蒙江大化21日8时的时段雨量为197 mm，日雨量为254 mm。昭平21日的日雨量也达到了168 mm。

(2) 降水范围广。100 mm以上降水面积约占西江水系92%，200 mm以上降水面积约占西江水系40%，300 mm以上降水面积约占西江水系10%。

(3) 降水持续时间长。自2005年6月10日以来，西江中下游地区持续降水，到23日后雨势才逐渐减弱。

(4) 暴雨移动方向与洪水演进方向基本一致，与1998年6月洪水降水特点比较相似。随着上游洪水向下游演进，降雨区也沿着河流方向传播，更加有利于洪水的形成，加重了下游地区的防洪压力。

2. 洪水

西江干流的一级支流中，集水面积 1 万 km^2 以上的有北盘江、柳江、郁江、桂江、贺江。此次上游广西境内红水河、柳江、桂江三江同时发生了暴雨洪水，桂江为近江水先到，抬高了河流底水位。待主干流（红水河、柳江）主流量达到梧州段，梧州峰前水位急涨，此时桂江中、下游和支流蒙江继续下了大暴雨，直接叠加梧州洪峰。同时，蒙江太平水文站 21 日 19 时至 23 时逐时流量超过 8 000 m^3/s，最大的流量为 8 620 m^3/s，历史罕见。桂江昭平水文站 21 日 1 时至 20 时流量超过 9 000 m^3/s，其中 8 时至 11 时达 10 000 m^3/s 以上，最大的为 10 200 m^3/s。此外，郁江无较大洪水加入，西津电站泄流约 6 000 m^3/s。

此次洪水过程以柳江、红水河、郁江、黔江及浔江区间、蒙江、桂江的暴雨洪水组合而成，并体现以前期桂江、郁江暴雨洪水抬高底水位，后期干流洪水碰浔江、黔江区间并蒙江、桂江暴雨洪水（即相对的近江水）组合控制为主的特点，是西江流域最恶劣的洪水组合情况，由此造成了这场近 200 年一遇规模的特大洪水。

从表 2.1 中可以看出，只有三岔水文站没有超警戒水位，与警戒水位相差 1.41 m。

表 2.1 西江主要控制站洪水要素

水文站名	历史最高水位（m）	警戒水位（m）	洪峰水位（m）	洪峰流量（m^3/s）	出现时间（日时分）
迁　江	87.28	81.00	84.42	15 900	21 日 8:00
三　岔	111.33	107.00	105.59	6 810	19 日 13:54
柳　州	92.43	81.80	83.26	17 200	20 日 0:00
对　亭	86.27	81.00	86.03	9 040	20 日 3:30
武　宣	65.32	55.00	62.63	39 300	22 日 3:00
贵　港	48.56	43.00	45.45	6 760	22 日 23:00
大湟江口	37.51	29.00	37.54	42 400	23 日 6:30
梧　州	26.89	17.00	26.75	53 000	23 日 12:00
德　庆	21.83	15.00	21.58	—	23 日 21:00
高　要	13.62	10.00	12.68	54 900	24 日 6:00
马　口	10.06	7.50	8.97	52 100	24 日 18:00

这场洪水的特点为：

（1）上游洪水量级大，中游局部出现暴雨到大暴雨，暴雨中心带沿西江干流走向，起到了洪水过程的洪峰叠加作用，洪水规模逐渐加大，导致许多水文站点超过警戒水位。

(2) 前期流域降雨较充沛，江河底水位较高，沿河槽蓄影响不大(罗定江、新兴江水位较低，存在一定的槽蓄)。

(3) 上游梧州水文站出现洪峰后，恰逢德庆至悦城区间降暴雨至大暴雨，对高要水文站的洪峰有明显的加峰作用。

(4) 涨率快。西江干流主要控制站梧州水文站最大的涨率达到 0.20 m/h；高要水文站最大的涨率达到 0.11 m/h。

(5) 广东省境内支流贺江为一般洪水，流量约为 2 000 m^3/s 等级，受西江高水顶托，电站不泄放，基本不影响西江洪峰，但 23 日德庆区间大暴雨对高要水文站洪峰有明显的推迟和加峰作用。

(6) 高要水文站 24 日晨 6 时出现洪峰水位，当日为农历十八，适逢天文大潮期，对高要水文站洪峰有明显的抬高作用。

(7) 高要水文站出现洪峰时遭遇北江暴雨洪水急涨段(24 日 6 时清远水文站水位 14.13 m，超警戒水位 2.13 m)，减少了思贤滘由西江流过北江的过滘流量，对高要水文站的洪峰亦产生顶托作用(据三水、石角、四会水文站分析思贤滘过滘流量约 3 000 m^3/s)。

此次高要水文站 7.5 m 以下水位(6 月 20 日中午)的涨势较缓，后续受沿西江干流区间不断降暴雨至特大暴雨补充，使洪水过程的涨势变急，虽然峰高量大但洪峰尖瘦，无法形成肥胖型洪水过程，如图 2.1 所示。

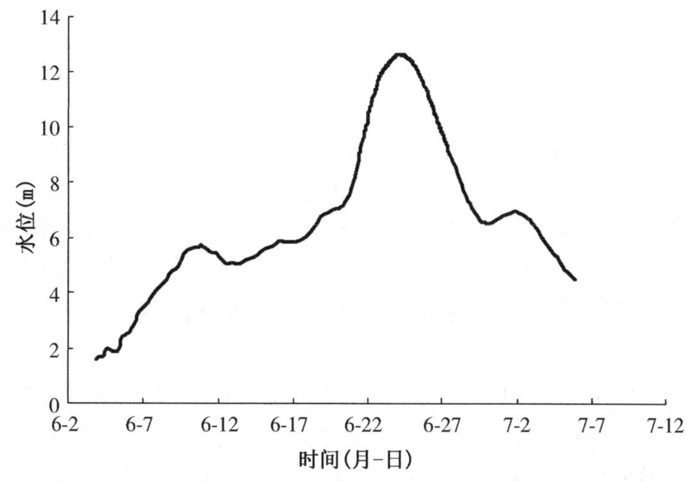

图 2.1　西江高要水文站 2005 年 6 月洪水逐时水位过程线图

3. 与历史洪水比较分析

(1) 水位比较。以高要水文站来说明，如图 2.2 所示。1998 年 6 月洪水与 2005 年 6 月洪水都是起涨水位比较低，1998 年 6 月洪水(起涨水位为 6 月 18 日 2.38 m)涨幅大，水位从 2.38 m 涨至 13.32 m，涨幅达 10.94 m，从涨水到洪峰出现时间共 11 天，6 月 20 日出现最大涨率为 0.14 m/h，6 月 28 日出现洪峰水位 13.32 m，洪峰流量 52 600 m^3/s，最大测点流速 3.71 m/s。

2005 年 6 月洪水从 6 月 4 日下午开始水位平缓上涨(起涨水位为 1.58 m)，持续了约 11 天，前期小洪水抬高了水位，使高要水文站在 6 月 10 日 20 时出现 5.73 m 的洪峰后缓慢下退。到 6 月 13 日 8 时，高要水文站洪水位从 5.04 m 重新回涨，到 6 月 21 日 20 时出现 10.0 m 的警戒水位，6 月 21 日出现最大涨率 0.15 m/h，6 月 24 日 6 时出现洪峰水位 12.68 m，超过保证水位(12.00 m)0.68 m，洪峰流量 55 000 m^3/s，测点流速 3.73 m/s；6 月 29 日 20 时水位退至 6.55 m。由于西江上游区间降雨，高要水文站水位回涨，到 7 月 1 日 18 时出现 6.98 m 水位的洪峰后水位继续下降。2005 年 6 月洪峰水位低于 1998 年 6 月洪峰水位 0.64 m，从涨水到洪峰出现，历时 12 天，涨幅 7.63 m，比 1998 年 6 月的洪水涨幅 10.94 m 低 3.31 m。

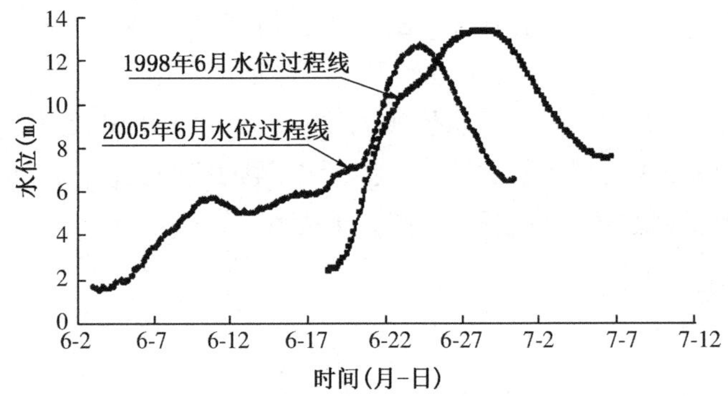

图 2.2 西江高要水文站 1998 年 6 月和 2005 年 6 月洪水水位过程线

(2) 流量比较。图 2.3 所示为 1998 年 6 月与 2005 年 6 月洪水水位流量(Z-Q)关系曲线图。从图上不难看出，高要水文站 1998 年 6 月与 2005 年 6 月洪水都是涨水历时长，退水历时短，洪水都是呈单峰洪水过程，水位流量关系曲线都是连时序曲线。

从图 2.3 中还可以看到 2005 年 6 月洪水 Z-Q 关系曲线比 1998 年 6 月洪水 Z-Q 关系曲线向右偏移，2005 年 6 月洪水的洪峰流量大于 1998 年 6 月的洪峰流量，2005 年 6 月洪水的洪峰流量比 1998 年 6 月洪水的洪峰流量多 2 400 m^3/s，接近 200 年一遇。1998 年 6 月与 2005 年 6 月洪峰流量比较如表 2.2 所示。

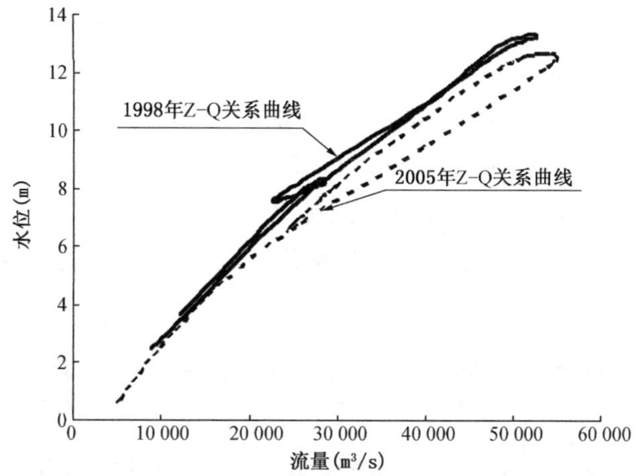

图 2.3　西江高要水文站 1998 年 6 月和 2005 年 6 月洪水水位流量关系

表 2.2　高要水文站 1998 年 6 月与 2005 年 6 月洪水量级比较表

项目	1998 年 6 月洪水	2005 年 6 月洪水
重现期(年)	100	接近 200
峰量(m^3/s)	52 600	55 000

(3) 洪量比较。从表 2.3 和表 2.4 可知,2005 年 6 月洪水 1 天和 3 天洪量略大于 1998 年 6 月洪水,7 天、15 天、30 天洪量小于 1998 年 6 月洪水;而 2005 年 6 月洪水总量却明显小于 1998 年 6 月洪水总量,2005 年 6 月洪水总量比 1998 年 6 月洪水总量少 50.90 亿 m^3。

表 2.3　高要水文站 1998 年 6 月与 2005 年 6 月洪水洪量统计表

天数	1		3		7		15		30	
洪水场次	1998 年 6 月	2005 年 6 月	1998 年 6 月	2005 年 6 月	1998 年 6 月	2005 年 6 月	1998 年 6 月	2005 年 6 月	1998 年 6 月	2005 年 6 月
洪量(亿 m^3)	45.4	47.1	133.2	135.2	288.5	273.0	507.2	454.6	828.7	699.1

表 2.4　高要水文站 1998 年 6 月与 2005 年 6 月洪水总量对照表

集水面积(km^2)	1998 年 6 月洪水		2005 年 6 月洪水	
	洪水起讫时间(月日时)	洪水总量(亿 m^3)	洪水起讫时间(月日时)	洪水总量(亿 m^3)
351 535	6 月 18 日 8:00—7 月 6 日 12:00	548.30	6 月 13 日 0:00—6 月 30 日 24:00	497.40

分析 2005 年 6 月洪水总量小于 1998 年 6 月洪水总量的主要原因是：①2005 年 6 月洪水洪峰持续时间比 1998 年 6 月洪水洪峰持续时间短(表 2.5)；②1998 年 6 月洪水是高要水文站先出现 13.32 m 洪峰水位，清远水文站同时水位是 12.81 m，受北江顶托不明显；③2005 年 6 月洪水是高要水文站在 6 月 24 日 6 时出现 12.68 m 洪峰水位时，北江清远水文站同时水位上涨至 14.13 m(洪峰水位 14.18 m)，比高要水文站迟 4 h 出现洪峰，减少西江从思贤滘流过北江的过滘流量，对高要水文站的洪峰产生明显顶托作用。

表 2.5 高要水文站 1998 年 6 月与 2005 年 6 月洪水洪峰持续时间对照表

项目	洪峰起讫时间(月日时)	洪峰 12.0 m 以上持续天数	洪峰起讫时间(月日时)	洪峰 11.0 m 以上持续天数	洪峰起讫时间(月日时)	洪峰 10.0 m 以上持续天数
1998 年 6 月洪水	6 月 25 日 10:00—6 月 30 日 18:00	5.3	6 月 24 日 8:00—7 月 1 日 14:00	7.2	6 月 22 日 18:00—7 月 2 日 10:00	9.7
2005 年 6 月洪水	6 月 22 日 22:00—6 月 25 日 9:00	2.5	6 月 22 日 6:00—6 月 26 日 4:00	3.9	6 月 21 日 20:00—6 月 26 日 20:00	5

(4) 低水位大流量问题分析。高要水文站各次洪水要素比较如表 2.6 所示。

表 2.6 高要水文站 1994 年 6 月、1998 年 6 月和 2005 年 6 月洪水要素比较

时间(年月日)	洪峰水位(m)	洪峰流量(m^3/s)
1994-06-20	13.62	48 700
1998-06-28	13.32	52 600
2005-06-23	12.68	55 000

从表 2.6 中可以看到 2005 年的洪峰流量比 1994 年、1998 年分别多了 6 300 m^3/s 和 2 400 m^3/s，而洪峰水位却分别降低了 0.94 m 和 0.64 m，水位低流量大。主要是由于近年来西江河床下切影响，过水断面面积较大(图 2.4)。在相同的水位 10 m 时，1994 年、1998 年和 2005 年的大断面面积分别是 17 800 m^2、18 600 m^2 和 19 300 m^2，平均水深也是逐渐变大，如表 2.7 所示。

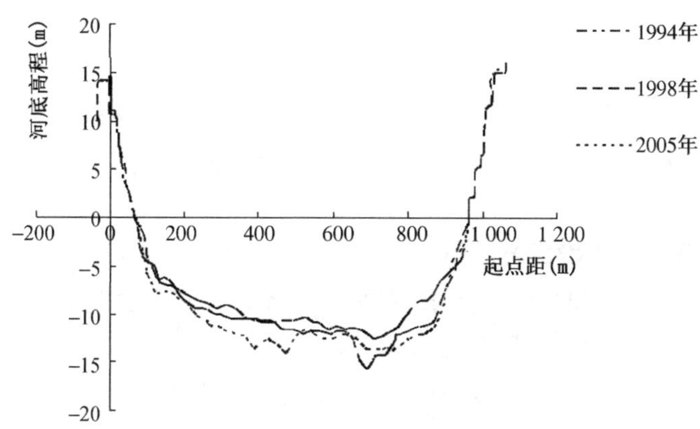

图 2.4　高要水文站大断面图

表 2.7　1994 年 6 月、1998 年 6 月和 2005 年 6 月洪水断面对照表

<table>
<tr><th>时间</th><th>同水位面积(m²)</th><th>平均水深(m)</th><th>面积差(m²)</th></tr>
<tr><td>1994 年</td><td>17 800</td><td>17.9</td><td rowspan="2">800</td></tr>
<tr><td>1998 年</td><td>18 600</td><td>18.8</td></tr>
<tr><td>2005 年</td><td>19 300</td><td>19.3</td><td>700</td></tr>
</table>

2.1.2　2005 年 6 月西江特大洪水高要水文站流量分析

1. 洪水概况

2005 年 6 月 18—23 日，广西的红水河、柳江、桂江及梧州上游区间的支流蒙江普降暴雨，中心过程雨量达 600 mm(其中：柳江象州水文站 609 mm，桂江昭平水文站 301 mm，蒙江大化水文站 410 mm)，造成广西梧州水文站出现 26.75 m 的洪峰水位、广东高要水文站出现 12.68 m 的洪峰水位，超警戒水位 2.68 m，相应流量为 55 000 m^3/s，此流量近 200 年一遇。

2. 流量测验情况

此场洪水高要水文站于 6 月 13 日 8 时以 5.05 m 的水位起涨，6 月 21 日 20 时涨达警戒水位 10.00 m，到 6 月 24 日 6 时出现 12.68 m 的洪峰水位。涨水历时达 11 天，水位总涨幅 7.63 m。整个洪水过程用 ADCP 和流速仪共测流 28 次，涨水段 16 次，退水段 12 次，其中用流速仪同步比测 11 次。测验时机掌握较好，布点均匀，并在 9.12 m 水位以上测流的同时观测水面比降。6 月 23 日流速仪实测流量 55 000 m^3/s，为历史实测最大。

3. 水流结构分析

高要水文站在整场洪水的测验过程中，对每次流量测验均坚持进行“四随”工作，从 7.23 m 水位以上的第 29～36 号测次所点绘的每条垂线流速分布图及断面流速分布图来看，根据水流主流分布，除 35 号测次受回水影响较大外，其他均无不合理的现象。

4. 流量测验总不确定度分析

根据《河流流量测验规范》要求，对总随机不确定度、总系统不确定度、总不确定度和系统误差进行分析计算，方法如下：

(1) 总随机不确定度。总随机不确定度按下式估算：

$$X'_Q \approx \pm \left[X'^2_m + \frac{1}{m+1}(X'^2_e + X'^2_p + X'^2_c + X'^2_d + X'^2_B)\right]^{1/2} \tag{2.1}$$

式中：X'_Q——流量总随机不确定度(%)；

X'_m——断面Ⅲ型随机不确定度(%)；

X'_e——断面Ⅰ型随机不确定度(%)；

X'_p——断面Ⅱ型随机不确定度(%)；

X'_c——断面的流速仪率定随机不确定度(%)；

X'_d——断面的测深随机不确定度(%)；

X'_b——断面的测宽随机不确定度(%)。

(2) 总系统不确定度。总系统不确定度按下式估算：

$$X''_Q = \pm\sqrt{X''^2_b + X''^2_d + X''^2_c} \tag{2.2}$$

式中：X''_Q——流量总系统不确定度(%)；

X''_b——测宽系统不确定度(%)；

X''_d——测深系统不确定度(%)；

X''_c——流速仪检定系统不确定度(%)。

(3) 总不确定度。总不确定度按下式估算：

$$X_Q = \pm\sqrt{X'^2_Q + X''^2_Q} \tag{2.3}$$

式中：X_Q——流量总不确定度(%)。

(4) 系统误差。系统误差按下式估算：

$$\hat{u}_Q = \hat{u}_m + \hat{u}_s \tag{2.4}$$

式中：$\hat{u}_Q$——流量已定系统误差(%)；

$\hat{u}_m$ ——Ⅲ型误差的已定系统误差(%)；

$\hat{u}_s$ ——断面Ⅱ型误差的已定系统误差(%)。

随机选取 2005 年 6 月 24 日 8 时 40 分的实测流量成果，算得 X'_Q 为±3.88%，X''_Q 为±0.87%，X_Q 为±3.98%，$\hat{u}_Q$ 为−1.11%。规范规定的流速仪单次流量测验的允许误差 X'_Q 为 5%，$\hat{u}_Q$ 为−2%～1%，可见高要水文站该场洪水的流量测验成果具有较高的精确性。

5. 定线分析

高要水文站位于西江潮流界变动范围，测验断面宽约 1 km，两岸为近年新建堤路结合工程，上游约 4 km 处有宽约 500 m 的大鼎峡；上游约 1 km 处有宽约 700 m 的西江大桥断面，测验河段属抗散河段；下游 2 km 有新兴江汇入，约 13 km 处有宽约 330 m 的羚羊峡，河段收缩；约 44 km 处有思贤滘与北江相通。洪水期受北江、新兴江洪水顶托；低水期受潮汐影响，大潮期涨潮期间有负流出现。

2005 年 6 月洪水高要水文站的水位流量关系和水位落差关系出现反绳套现象(图 2.5 至图 2.7)，主要原因是：

(1) 高要水文站于 6 月 24 日 6 时出现洪峰时遭遇北江暴雨洪水急涨段(清远水文站 24 日 6 时水位 14.13 m，10 时洪峰水位 14.18 m)，清远水文站比高要水文站迟 4 h 出现洪峰，属于典型的西、北江同时发洪的洪水类型，因此减少了西江从思贤滘流过北江的过滘流量。根据思贤滘岗根水文站的实测流量可知，23 日、24 日岗根水文站平均流量分别为 5 490 m^3/s 和 3 060 m^3/s，而最大过滘流量 6 440 m^3/s，出现在 23 日 12 时。因此，北江发洪对高要水文站水位的影响主要表现在减少西江从思贤滘流过北江的过滘流量，对高要水文站的洪峰亦产生一定的抬升作用，水位抬升值约 0.2 m。

(2) 高要水文站于 6 月 24 日晨出现洪峰水位，当日为农历十八，适逢天文大潮期，对洪峰产生明显的顶托作用。退水时，北江洪水较西江洪水早，顶托和天文大潮的影响消失，西江过滘流量增大，所以出现了 Z-Q 和 Z-ΔZ 呈现反绳套现象，这种关系是合理的。

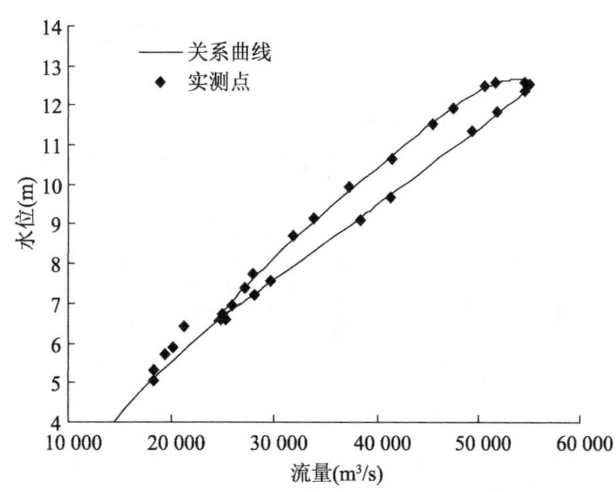

图 2.5　高要水文站 2005 年 6 月洪水 Z-Q 关系图

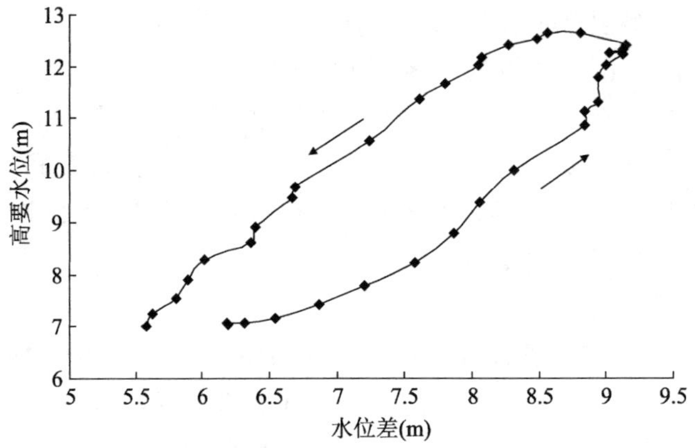

图 2.6　德庆至高要水位落差关系图

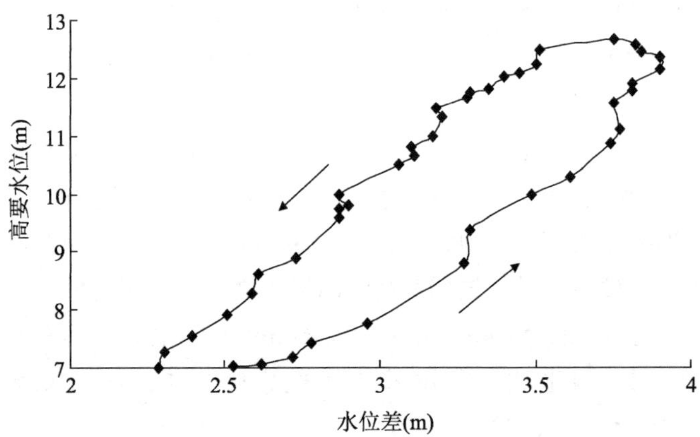

图 2.7　德庆至马口水位落差关系图

6. 上下游洪峰流量对照

西江 2005 年 6 月各水文站洪水洪峰对照如表 2.8 所示。

表 2.8　西江 2005 年 6 月洪水洪峰流量对照表

序号	水文站名	时间(日时分)		水位(m)			流量(m^3/s)	
		洪峰	相应	洪峰	相应	警戒	洪峰	相应
1	梧州	23 日 12:00		26.75		17.3	53 000①	
2	古榄		23 日 12:42		28.43			2 810②
3	官良		24 日 14:00		26.63			159③
4	高要	24 日 6:00		12.68		10.0	55 000④	

续表

序号	水文站名	时间(日时分)		水位(m)			流量(m^3/s)	
		洪峰	相应	洪峰	相应	警戒	洪峰	相应
5	腰古		24 日 2:00		12.88			152⑤
6	石角		24 日 15:00		12.36	11.0		13 500⑥
7	四会		24 日 6:00		11.10	10.8		2 420⑦
8	马口	24 日 14:00		8.94		7.5	52 000⑧	
9	三水	24 日 9:42		9.17		7.5	16 300⑨	

注：[④－(①＋②＋③)]/④＝－1.8%；[(⑧＋⑨)－(④＋⑤＋⑥＋⑦)]/(⑧＋⑨)＝－4.1%。

从表 2.8 中可以明显看到高要水文站的洪峰流量大于梧州水文站，分析梧州至高要区间来水组成，在贺江和罗定江为一般洪水和对西江干流洪水影响不大的情况下，德庆区间 23 日 10 时—15 时的暴雨、大暴雨产生了 500～800 m^3/s 的流量，在一定程度上加大了高要水文站的流量，同时也抬高了水位。而马口水文站的洪峰流量小于高要水文站，主要是由于洪水在传播过程中受河槽、洪水波展开等因素影响，同时区间来水量较少，形成区间内的中小河流倒灌“蓄水”，所以越向下游，洪峰流量平衡误差负值越大。从表 2.8 的计算结果来看，误差(－1.8%、－4.1%)均在±10%以内，峰值合理。

7. 大流量低水位的原因分析

高要水文站各高洪峰流量年份洪水要素比较如表 2.9 所示。

表 2.9　高要水文站 1994 年 6 月、1998 年 6 月和 2005 年 6 月洪水要素比较

时间(年月日)	洪峰水位(m)	洪峰流量(m^3/s)
1994-06-20	13.62	48 700
1998-06-28	13.32	52 600
2005-06-23	12.68	55 000

从表 2.9 可以看出 2005 年 6 月洪水的洪峰水位最低而流量却最大，即水位低流量大(2005 年 6 月洪水洪峰流量比 1998 年 6 月、1994 年 6 月洪水洪峰流量分别大了 2 400 m^3/s 和 6 300 m^3/s，洪峰水位分别低了 0.64 m、0.94 m)。虽然 2005 年 6 月西江洪水受到北江洪水的顶托和天文大潮的影响，但是水位并没有高于 1998 年 6 月洪水，分析其原因，我们认为主要有以下几点：

(1) 河床及水文情势变化的影响。由于 1991 年以来西江河段采砂特别是下游珠江三角洲河段大规模、大范围采挖河砂以及河道天然冲淤和河道疏浚、水利工程建设等人类活动影响，使河床严重下切，过水断面面积增大；水位流量关系逐渐向右偏移，同一水位情况下断面流量加大；水面坡降加大，水面线变陡，这是造成高要水文站大流量低水位的主要原因。

① 河床下切基本情况。根据高要、马口、三水水文站 1980—2003 年的资料分析，高要、马口水文站河段中泓河底高程最大切深在 6～7 m 之间，中高水断面过水面积增大 12%以上，中低水断面过水面积增大更多在 18%以上；而三水水文站河段最大切深达 8.07 m，中高水断面过水面积增大达 40%，中低水断面过水面积增大将近 100%，如表 2.10 所示。

表 2.10　西江下游河段最大切深及过水面积相对变化表

水文站名	高要	马口	三水
最大切深(m)	−6.46	−7.11	−8.07
2 m 过水面积变化(%)	18.5	19.3	99.5
6 m 过水面积变化(%)	12.1	15.2	40.0

另外，由高要水文站的大断面比较图可知，高要水文站断面在 1992 年以前历年断面冲淤基本平衡，中泓河底高程变化不大。在 1992 年后河床逐年大幅下切，断面面积逐年显著增大，如表 2.11 所示。

表 2.11　高要水文站 20 世纪 90 年代以来断面面积变化表

年份	10 m 水位相应面积(m^2)	各年份与 1988 年之差	
		面积(m^2)	差值(%)
1988 年	17 300	—	—
1992 年	17 800	500	2.9
1994 年	17 800	500	2.9
1996 年	17 900	600	3.5
1998 年	18 600	1 300	7.5
2000 年	18 300	1 000	5.8
2004 年	19 000	1 700	9.8
2005 年	19 300	2 000	11.6

② 水位与流量关系变化。高要水文站水位与流量关系受西、北江洪水的相互作用共同影响，选用代表不同阶段的 1988 年、1992 年、1998 年、2000 年、2005 年进行对照，从表 2.12 中可见高要水文站 10 m 水位相应的流量从 1992 年开始逐渐增大。

表 2.12　高要水文站 20 世纪 90 年代以来断面流量变化表

年份	10 m 水位相应流量(m^3/s)	各年份与 1988 年之差	
		流量(m^3/s)	差值(%)
1988 年	32 500	—	—
1992 年	30 900	−1 600	−4.9
1998 年	35 200	2 700	8.3
2000 年	39 000	6 500	20.0
2005 年	40 300	7 800	24.0

(2) 水利工程的影响。自 1994 年 6 月西江特大洪水以来，西江上游广西境内的水利设施防御标准大幅度提升，堤防工程的抗洪能力从原来只有 10 年一遇、20 年一遇增加到 50 年甚至 100 年一遇，这样一来，洪水归槽程度比以往更高，形成了更大的流量，而水位反而却更低。

2005 年 6 月西江特大洪水高要水文站的流量，经过分析认为，整场洪水的测验手段和方法是正确的，定线是合理的，对不确定的分析计算误差均在许可范围以内，对洪峰流量的上下游平衡计算成果符合实际，洪峰流量 55 000 m^3/s 为历史实测最大值。

2.1.3　西江封开至郁南河段洪水水面线分析

西江干流全长 2 214 km，流域面积 35.31 万 km^2。我们这里分析的封开至郁南河段占西江干流总长度的 9.6%，该河段有开南西江大桥待建，因此洪水水面线分析对工程的建设有着重要作用。

此节分析计算了西江封开至郁南河段 20 km 的 20 年、50 年、100 年和 300 年一遇的洪水水面线，以及开南西江大桥建成后相应的洪水水面线。所用高程均采用 1985 年国家高程基准。

1. 大断面的布设、测量及历史洪水调查

为了更好地进行频率为 5%、2%、1%和 0.33%设计洪水水面线计算，我们在该河段布设了 7 个断面，它们的间距分别是 4 518 m、4 597 m、920 m、3 740 m、4 690 m 和 3 580 m，工程开工后在桥址下 50 m 增设一断面，并对这些断面进行了测量。这些断面基本上控制了河道形状以及河道底坡的变化。在西江近期大洪水调查方面，比较完整地调查了 1994 年 6 月、1998 年 6 月和 2005 年 6 月西江特大洪水的洪痕水位，尽可能多地取得近期洪水信息。

2. 各频率流量及起算、校核水位

水位基本数据为2002年6月广东省水利厅颁布的《西、北江下游及其三角洲网河河道设计洪潮水面线》中公布统一应用的设计洪水水面线。起算水位采用公布的设计洪水水面线按相邻河段内插，校核水位采用《西、北江下游及其三角洲网河河道设计洪潮水面线》中公布的封开水文站断面水位。设计流量采用高要水文站的相应频率流量。另外，桥址上游约12 km处有支流贺江加入，考虑干支流洪水影响，贺江口上游断面设计流量以梧州水文站的年最大流量进行分析，贺江流量分别以700 m^3/s、800 m^3/s、900 m^3/s和1 000 m^3/s流量汇入分析。具体数据如表2.13和表2.14所示。

表2.13 各断面不同频率下的洪水位

频率(%)	长岗镇断面水位(m)	蟠龙河口断面水位(m)	封开水文站断面水位(m)
5	24.84	25.02	25.67
2	25.64	25.78	26.43
1	26.16	26.31	26.96
0.33	27.14	27.30	27.95

表2.14 各水文站不同频率下的流量

频率(%)	高要水文站(m^3/s)	梧州水文站(m^3/s)
5	45 500	44 800
2	49 900	49 100
1	52 900	52 000
0.33	57 600	56 600

3. 沿程水面线计算

天然河道蜿蜒曲折，过水断面很不规则，断面形状、粗糙系数及河道底坡沿程都有变化，其水力因素十分复杂。水力学中河道水面线的计算原理和方法，首先假定发生设计洪水时，河段水流属恒定非均匀流，水面线计算采用以下天然河道水位沿程变化的伯努利能量方程式求解：

$$Z_{上}=Z_{下}+\frac{\alpha(1-\xi)}{2g}(V_{下}^2-V_{上}^2)+\frac{Q^2}{K^2}L \tag{2.5}$$

式中：Z——断面水位(m)；

V——断面平均流速(m/s)；

α ——动能校正系数(取 1.0)；

Q ——设计流量(m^3/s)；

L ——断面间距(m)。

ξ ——局部损失系数，河段收缩时 $\xi_{收}=0\sim-0.1$，河段逐渐扩散时 $\xi_{扩}=0.1\sim0.3$，河段突然扩散时 $\xi_{扩}=0.5\sim1.0$；

$\overline{K}$ ——河段平均输水率(%)。

$$\overline{K}=\frac{1}{n}AR^{\frac{2}{3}} \tag{2.6}$$

式中：A ——断面面积(m^2)；

R ——水力半径(m)；

n ——糙率。

糙率 n 的计算采用原水利电力部标准《比降-面积法测流规范》(SD 174—85)中恒定非均匀流糙率计算公式：

$$n=\frac{AR^{\frac{2}{3}}}{Q}\sqrt{\left[\Delta Z+\frac{1}{2g}(1-\xi)\alpha(V_{上}^2-V_{下}^2)\right]}/L \tag{2.7}$$

按上述公式采用 2005 年 6 月西江洪水封开与长岗河段水文测验资料，1994 年、1998 年及 2005 年高要水文站实测特大洪水资料如图 2.8 所示，推算河段的局部损失系数及恒定非均匀流糙率，进行水面线计算。

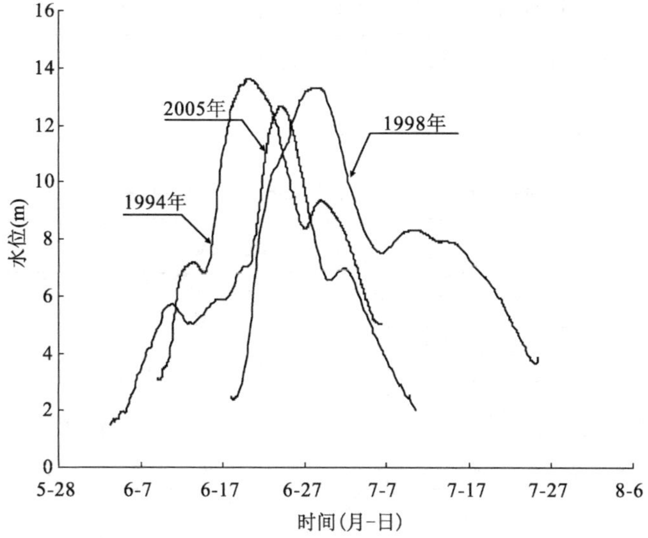

图 2.8　1994 年、1998 年和 2005 年洪水过程线图

另外，通过计算桥上、桥下断面的弗汝德数 $F_{r上}=\frac{V_上}{\sqrt{gh_上}}=0.114$，$F_{r旧桥下}=\frac{V_下}{\sqrt{gh_下}}=0.111$，二者均小于1.0，同属缓流状态，即流态没有改变，而过桥水流可理解为有侧收缩平底堰流。

4. 计算成果及分析意见

应用资料及图表均按水文规范“一制一校一审”工序完成，其起算水位及校核水位符合广东省水利厅最新公布的设计洪水成果。计算成果如表2.15所示，工程后桥上、桥下水位变化如表2.16所示。总体来说，封开开南西江大桥建设对河道各级频率洪水的壅水不大，基本无影响。将计算结果点绘成图即得出不同频率的水面线，如图2.9所示。

表2.15　封开开南西江大桥水面线计算成果表

断面编号	断面名称	工程前水位(m)				工程后水位(m)				水位壅高值(m)			
		5%	2%	1%	0.33%	5%	2%	1%	0.33%	5%	2%	1%	0.33%
Ⅰ	长岗镇	24.84	25.64	26.16	27.14	24.84	25.64	26.16	27.14				
Ⅱ	新　滩	24.94	25.71	26.24	27.22	24.94	25.71	26.24	27.22				
Ⅲ	蟠龙河口	25.02	25.78	26.31	27.30	25.02	25.78	26.31	27.30				
Ⅳ	桥　址	25.04	25.80	26.33	27.32	25.05	25.80	26.33	27.32	0.01	0	0	0
Ⅴ	江山村	25.19	25.96	26.49	27.47	25.20	25.96	26.49	27.48	0.01	0	0	0.01
Ⅵ	豆腐坑	25.34	26.09	26.61	27.57	25.34	26.09	26.61	27.58	0	0	0	0.01
Ⅶ	封开水文站	25.67	26.43	26.96	27.95	25.67	26.43	26.97	27.95	0	0	0.01	0

表2.16　封开开南西江大桥工程后桥上桥下水位变化对照表

频率(%)	水位(m)		
	桥　上	桥　下	变化值
5	25.04	25.04	0
2	25.80	25.80	0
1	26.33	26.33	0
0.33	27.32	27.31	0.01

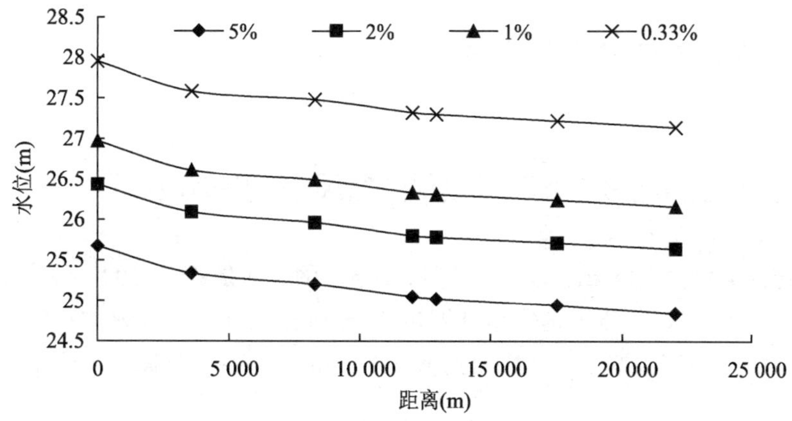

图 2.9　封开开南西江大桥水面线示意图

一般地，桥梁上游的壅水会在建桥后随着河床的冲刷有所降低，但由于桥位附近河床抗冲能力较强，冲刷时间将相当漫长，故壅水影响是不能仅靠自然消除的。

工程补救措施有堤防加高方案、退堤方案和挖槽(或切滩)方案等。堤防加高方案可以根据沿程壅水高度加上超高来实施；挖槽方案可以根据挖槽设计和布置原则及桥墩占用的过水面积，结合底质的稳定性，参考该河段河槽断面坡度，并考虑上下河段平顺衔接，以维持原河道冲淤平衡的原则出发来进行；退堤方案须进行泄洪效果计算，实施难度比较大。因此可以因地制宜地采用堤防加高方案或挖槽(或切滩)方案。

5. 洪水水面线推求计算中的几点体会

(1) 流域概况。流域概况反映了河道的一切自然环境，计算中许多问题的处理都需要根据河道的自然环境来具体解决，所以了解流域的概况是做好计算的前提和保障。

(2) 断面控制。天然河道蜿蜒曲折，河道底坡变化较大，断面形状不规则，如果不加以控制，则会产生很大误差，所以要充分利用河道中现有的水文站资料对断面进行必要的控制。

(3) 历史洪水处理。在水面线计算中，历史洪水不仅是推求河道糙率和局部损失系数的重要资料，更是检验计算成果的重要依据，因此要认真处理历史洪水资料。

(4) 洪水组合处理。天然河道必然会有支流汇入，支流汇入会影响干流的水位和流量，因此要处理好支流的流量问题，这样可以减少计算中产生的误差。

2.2 罗定江流域洪水预报与分析

2.2.1 罗定江流域2009年“巨爵”台风暴雨洪水分析

罗定江流域内100 km^2 以上支流共11条。围底河是罗定江的一级支流，发源于广东省信宜市双洞，流经信宜市和罗定市，于郁南县河口镇东水口（官良水文站上游约2 km处）汇入罗定江。围底河河长85 km，河床平均坡降1.82‰，流域面积824 km^2。

船步河是围底河的支流，发源于罗定市八挂顶，流域面积216 km^2，河长29 km，河床平均坡降12.2‰，天然落差183 m。船步河流域建有中型水库（山垌水库）1座，集水面积47.2 km^2，小（1）型水库（龙沸水库）1座，集水面积5.1 km^2，共控制集水面积52.3 km^2。

1. “巨爵”台风概况

2009年9月15日（农历七月二十七）7时，台风“巨爵”在广东省台山市北陡镇登陆，中心最大风力12级，中心气压970 hPa。“巨爵”台风登陆后，其中心在粤境内长达7 h以上，强度维持在强热带风暴量级以上，影响范围广，局部降雨强度大，给罗定江流域带来了严重的影响。

2. 台风暴雨的特征分析

（1）暴雨成因。台风“巨爵”强度大、风力猛、降水云系发达，加上强盛的西南季风和越赤道气流以及罗定江流域的特殊地形，使该地区发生了短历时特大暴雨。降雨雨型恶劣、来势猛，使罗定江发生了近10年一遇洪水，其一级支流围底河遭遇了100年一遇洪水。

（2）暴雨时间、空间分布。

① 暴雨时间分布。罗定江流域的降雨过程主要集中在9月15日2时—17日2时，整个降雨过程的暴雨中心在上游信宜思贺镇到罗定船步镇一带。流域上游平均过程总雨量为401.0 mm。15日最大点雨量为山垌水文站282.5 mm，16日最大点雨量为船步水文站179.5 mm，17日2时之后，降雨强度减弱，流域降雨过程基本结束。

② 暴雨空间分布。该次降雨的过程累积降雨量大于400 mm的雨区完全覆盖了围底河上游区，笼罩面积达270 km^2，占罗定江流域总面积的6.0%；过程累积降雨量大于200 mm的雨区笼罩面积达618 km^2，占罗定江流域总面积的13.8%；过程累

积降雨量大于100 mm的雨区基本覆盖围底河整个流域。暴雨过程的各级雨量笼罩面积如表2.17所示。

表2.17　2009年9月各级雨量笼罩面积统计表

暴雨量级(mm)	笼罩面积(km^2)	占罗定江流域总面积比例(%)
$P \geqslant 400$	270	6.0
$P \geqslant 300$	548	12.2
$P \geqslant 200$	618	13.8
$P \geqslant 100$	824	18.3

(3) 暴雨特点。

① 降雨空间集中。该次降雨集中在上游信宜市思贺镇到罗定市船步镇一带，过程累积降雨量达400 mm以上的雨量水文站点有合水口、山垌和船步，雨量分别为469 mm、466 mm和448.5 mm，笼罩面积达270 km^2，占围底河流域面积的32.8%。

② 降雨强度大。以山垌水文站为例，如表2.18所示，最大24 h降雨量达402.0 mm，最大1 h降雨量达70.5 mm。

表2.18　山垌水文站实测各时段最大降水量表

时段(h)	1	2	3	6	12	24
开始时间	16日7:00	16日6:00	16日6:00	16日4:00	16日2:00	15日14:00
降水量(mm)	70.5	118	164	264	370.5	402

③ 暴雨时程分布集中。该次暴雨过程自9月15日2时开始，到17日2时结束，前后历时2天。其中山垌、船步水文站的最大6 h雨量占过程累积雨量的50%以上，最大24 h雨量占过程累积雨量的80%以上。过程雨量大于400 mm的主要水文站点各时段暴雨量统计如表2.19所示。从时程分布来看，暴雨雨型呈单峰型，山垌水文站降雨量时程分配如图2.10所示。

表2.19　主要水文站点各时段暴雨量统计表

水文站名及占过程总量	最大1 h(mm)	最大6 h(mm)	最大24 h(mm)	过程总量(mm)
山　垌	70.5	264.0	402.0	466.0
占过程总量(%)	15.1	56.6	86.3	

续表

水文站名及占过程总量	最大 1 h(mm)	最大 6 h(mm)	最大 24 h(mm)	过程总量(mm)
合水口	58.5	217.5	356.5	469.0
占过程总量(%)	12.5	46.4	76.0	
船　步	53.5	253.0	383.0	448.5
占过程总量(%)	11.9	56.4	85.4	

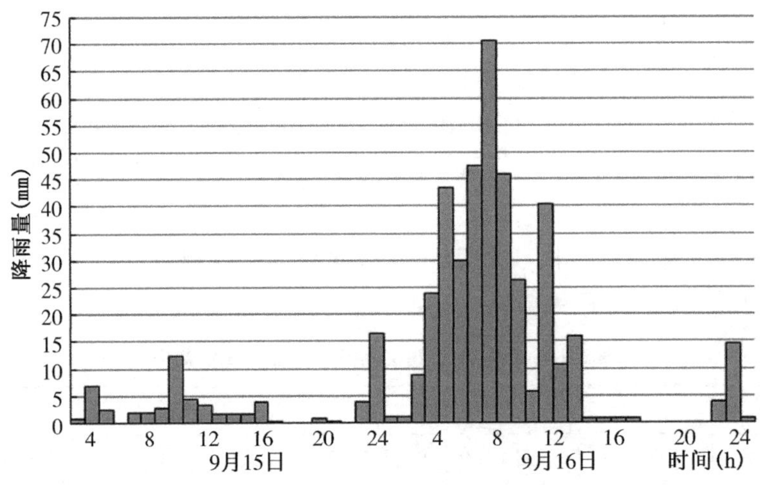

图 2.10　山垌水文站降雨量时程分配图

3. 洪水情况

受台风“巨爵”的影响,罗定江流域平均降雨 159 mm,罗定江官良水文站出现 2009 年的最大洪水。罗定古榄水文站水位于 15 日 17 时 10 分涨达 8.27 m,相应流量 668 m³/s,官良水文站水位于 16 日 0 时 10 分涨达 29.48 m,相应流量 984 m³/s,后稍有回落。受 16 日凌晨开始的后续强降雨影响,两水文站水位复涨。罗定古榄水文站水位于 16 日 3 时的 5.84 m 复涨,16 日 14 时 40 分出现 8.35 m 的洪峰水位,相应流量 688 m³/s;官良水文站水位于 16 日 4 时 50 分的 28.80 m 复涨,16 日 22 时 35 分出现 32.36 m 的洪峰水位(重现期 10 年一遇),相应流量 1 850 m³/s。罗定江 2009 年 9 月洪水主要控制水文站的洪水要素表及主要控制水文站水位过程线如表 2.20 和图 2.11 所示。

表 2.20　罗定江 2009 年 9 月洪水主要控制站的洪水要素表

水文站名	起涨		洪峰			涨幅(m)	涨水历时(h)	洪水频率
	时间	水位(m)	时间	水位(m)	相应流量(m^3/s)			
罗定古榄	9 月 15 日 10:00	4.71	9 月 15 日 17:10	8.27	668	3.56	7.2	
	9 月 16 日 3:00	5.84	9 月 16 日 14:40	8.35	688	2.51	11.7	
官良	9 月 14 日 18:00	26.17	9 月 16 日 0:10	29.48	984	3.31	30.2	
	9 月 16 日 4:50	28.80	9 月 16 日 22:35	32.36	1 850	3.56	17.8	接近 10 年一遇

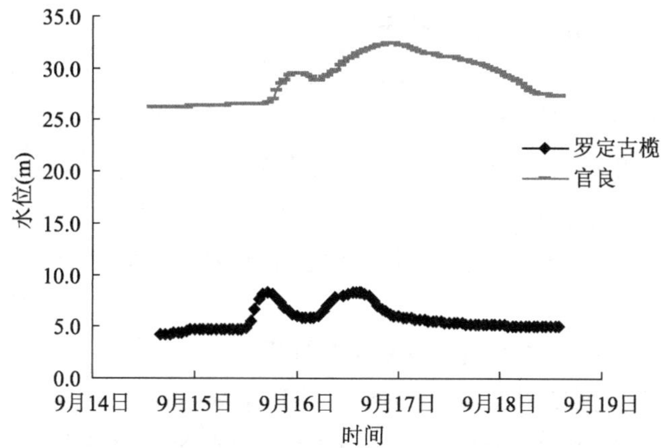

图 2.11　罗定江 2009 年 9 月洪水主要控制水文站水位过程线图

4. 山垌水库水位过程及滞洪、泄洪情况

中型水库山垌水库位于船步河上游。水库库区集雨面积 47.20 km^2，干流长度 17.3 km，总库容 1 630 万 m^3，正常运用库容 1 100 万 m^3，死库容 54 万 m^3。水库挡水建筑物大坝为均质土坝，坝顶高程 206.8 m，最大坝高 41.0 m，坝顶宽 5.0 m，坝顶长 191.0 m。

山垌水库水位由 15 日 3 时的 196.06 m 起涨(相应库容 873.96 万 m^3)，16 日 6 时左右超汛限水位，16 日 9 时 30 分出现最高水位 201.34 m(相应库容 1 269 万 m^3)，超汛限水位 2.34 m(汛限水位 199.00 m)，至 18 日 20 时左右洪水才退至汛限水位以下。水位涨幅 5.30 m，库容变化 395.04 万 m^3，涨水历时 32 h，由汛限水位涨至最高水位历时 4 h，最高水位退至汛限水位以下历时 57 h，水库在汛限水位以上运行历时 61 h。山垌水库水位过程线图如图 2.12 所示。

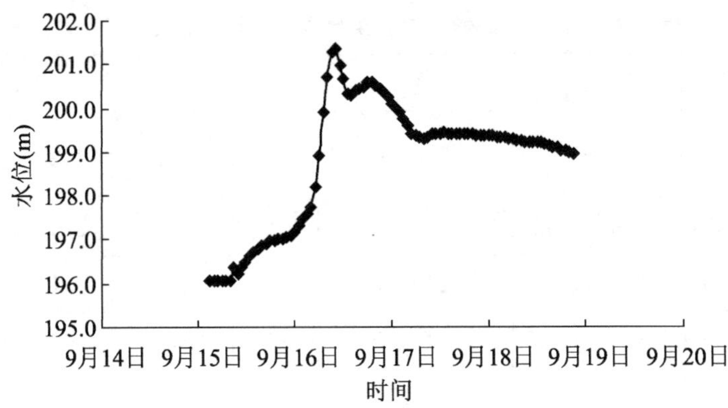

图 2.12　山垌水库水位过程线图

5. 台风暴雨所造成的灾害及损失

“巨爵”台风雨量大，降雨集中，造成堤防缺口 2 处(500 m)，损坏河堤 4 处(1 100 多 m)，冲毁水利设施 595 处(350 km)。罗平镇辖区的引太、引沙水利设施沿线出现多处塌方，其中引沙水利设施已经基本瘫痪；冲毁大小木石陂 52 座，损坏机电泵站 15 座，同时造成罗定市 17 个镇都出现了不同程度的灾情，全市有 10 多万群众受灾，2 万多群众被洪水围困，其他包括电力、通讯、渔业、工业等方面均受到了严重的损失。

6. 防御突发性暴雨洪水灾害的对策与措施

(1) 建立、健全区域内的水文、气象等信息采集、分析、查询系统，通过对台风路径、区域水文的预测预报分析，预先采取措施，并通过实时信息关注，及时修正预报，使防汛指挥决策更科学、合理。

(2) 设立滞洪、分洪区，给洪水以出路。

(3) 尽快实施区域内的河道整治规划，以适应老城区和低洼地区的排涝要求。

(4) 协调好中小型水库大坝安全与防洪的关系，加强水利工程的联合调度，使之充分发挥防汛功能。

(5) 建立切实可行的应急反应机制，确保在遭遇大洪水时，人员能迅速安全地撤离，以保证人民生命财产安全。

2.2.2　中国洪水预报系统在罗定江官良水文站的应用探讨

1. 预报断面基本情况

官良水文站是罗定江流域的主要控制站，设立于 1958 年 5 月，官良水文站断面以上集水面积为 3 164 km^2，占流域总面积的 70.4%。官良水文站历史查测最高洪水位为 1907 年 10 月 30 日的 35.52 m，实测最高水位为 1985 年 9 月 23 日的 34.22 m，多年平均流量为 85.1 m^3/s。水位在 25.80 m 以下出现沙滩，并有串沟或死水。河底为砂土，冲淤显著，两岸为红土丘陵，有崩塌现象，岸上长野草及种植农作物。官良水文站上游 1 km 处有围底河汇入，4 km 处有千官水汇入。上游 5 km 处有大湾镇高低水发电站，下游 600 m 处有急湾，5 km 处有佛子坝电站。中低水时受上下游电站蓄、放水影响较大。流域较大的洪水多发生在 7—9 月，大洪水主要由台风雨造成。当西江干流发生大洪水时受西江洪水的倒灌顶托。

2. 传统的预报方案

一直以来，官良水文站的预报采用的是 20 世纪 80 年代编制的相关图预报方案，主要是两种方法：一是以罗定古榄水文站洪峰水位为主变量，官良水文站起涨水位为参变量，预报官良水文站洪峰水位；二是以流域平均造峰雨量（流域平均造峰雨量采用合水圩、合水口、秋风街、罗定古榄、加益、船步、罗定、沙口、金鸡、官良 10 个水文站的算术平均值）为主变量，造峰雨历时为参变量，预报官良水文站洪峰水位。传统的相关预报法直观明了，充分考虑了各个水文因素之间的相关关系。但是由于罗定江上游河网复杂，支流众多，各个支流雨量差异很大；上游的罗定古榄水文站控制性较差，其他支流没有控制站，因此采用相关预报的方法对官良水文站洪峰预报合格率不高，且汇流时间短，预报预见期不是很长，预报工作量大。

3. 中国洪水预报系统在官良水文站的应用

(1) 中国洪水预报系统简介。中国洪水预报系统是水利部水文局在总结现有国内外洪水预报经验的基础上，从满足防洪减灾实际需求出发，建成的具有通用性强、功能全面、操作简便的全国实时洪水预报业务系统。该系统使洪水预报方案的构建、模型参数率定、实时作业预报和预报成果信息的发布等环节连为一体，极大节省了洪水作业预报时间。同时，该系统的人机交互式作业预报技术最大限度地将预报员的经验与系统相结合，极大提高了预报精度。

目前中国洪水预报系统在大江大河得到了广泛应用，取得了较好的预报效果，但随着社会对中小流域洪水预报和预警的重视程度不断加强，如何将中国洪水预报系统应用在中小流域，提高预报精度，使其发挥更大的作用这一问题，我们就该系统在罗定江流域官良水文站洪水预报中的应用进行了探讨。

(2) 预报方案的建立。我们通过人机界面，建立了基于中国洪水预报系统的官良水文站预报方案，其方案结构示意图如图 2.13 所示，其中区间 A 是指官良水文站和罗定古榄水文站之间的区间。区间内雨量站点的雨量权重计算采用泰森多边形法，方案的计算时段长为 2 h。方案河道汇流采用的数学模型是马斯京根河道连续演算法(MSK)，流域产汇流模型采用的是新安江三水源蓄满产流模型(SMS_3)和三水源滞后演算法(LAG_3)。

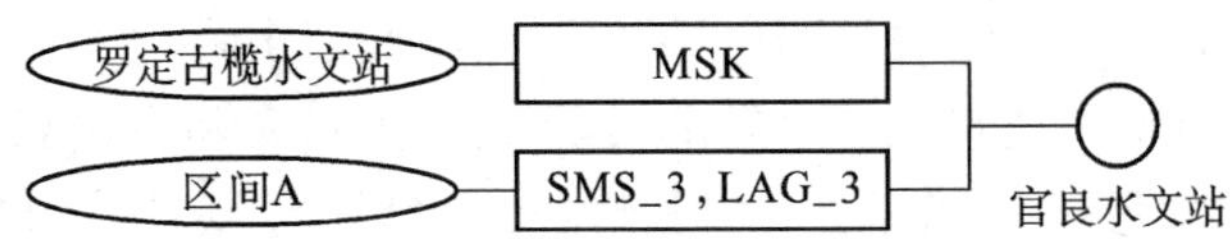

图 2.13　官良水文站预报结构图

根据现有的资料，选取 1976—1997 年中资料系列比较完整，且官良水文站洪峰水位在 29.00 m 以上的 14 年资料进行参数率定，另用 2001 年、2002 年和 2005 年 3 年资料进行方案检验。

率定采用单纯形法和罗森布瑞克法 2 种数学优化分析法。首先通过水量平衡确定罗定江流域的蒸散发系数 K，然后再通过人工试错和自动优选 2 种耦合方式完成方案中预报模型的其他参数率定，着重对比较敏感的参数进行分析调试。具体参数值如表 2.21 所示。从表中可以看出，该流域部分参数的物理意义比较合理。如河道汇流演算参数中，在山区性河流中，X 值应在 0～0.5 之间，MP 的时

表 2.21　各模型参数值

模型	参数	值	模型	参数	值
MSK	X	0.340	SMS_3	WM	117.789
	KK	2		WUM_X	0.294
	MP	5		MLM_X	0.739
LAG_3	F	2 228		K	1.000
	CI	0.905		B	0.278
	CG	0.994		C	0.144
	CS	0.898		IM	0.216
	LAG	3		SM	49.987
	X	0.426		EX	1.336
	KK	2		KG	0.461
	MP	0		KI	0.238

段数5也接近于河道洪水演算的传播时间。流域产汇流参数中,*WM*、*SM* 的值也是符合南方湿润地区的参考值,不透水面积比例IM控制在一个较小的合理范围内,符合流域开发的实际情况,其他的蒸散发折算系数,流域汇流时段长以及一些指数也均在合理的范围内。

参数率定好以后,对方案进行评定和检验。评定和检验的标准依据《水文情报预报规范》(SL 250—2000),河道流量预报以预见期内实测变幅的20%作为许可误差,峰现时间以一个计算时段长3 h为许可误差。官良水文站预报方案评定和检验的精度如表2.22所示,方案检验成果如表2.23所示。

表2.22 方案评定和检验精度表

水文站名	方案评定				方案检验			
	合格率(%)	精度等级	确定性系数	精度等级	合格率(%)	精度等级	确定性系数	精度等级
官良	89.3	甲等	0.916	甲等	83.3	乙等	0.910	甲等

表2.23 方案检验成果表

年份	官良水文站洪峰			方案检验成果		许可误差绝对值		预报误差		是否合格	
	水位(m)	流量(m^3/s)	出现时间	峰量(m^3/s)	出现时间	峰量(m^3/s)	峰时(h)	峰量(m^3/s)	峰时(h)	峰量	峰时
2001年	30.13	1 050	7月3日 8:00	1 120	7月3日 10:00	181	3	70	2	是	是
	32.10	1 770	7月8日 2:00	2 000	7月8日 0:00	317	3	230	0	是	是
2002年	30.79	1 250	8月20日 10:00	1 440	8月20日 12:00	248	3	190	2	是	是
	30.61	1 190	9月16日 0:00	1 310	9月16日 0:00	216	3	120	0	是	是
	29.53	868	9月29日 14:00	818	9月29日 10:00	141	3	50	4	是	否
2005年	29.54	998	5月9日 22:00	856	5月10日 2:00	192	3	142	4	是	否

(3)实时作业预报实例。从表2.22中可知,方案评定和检验的精度都达到了

乙等以上,方案可用于实时洪水预报。2008 年 9 月下旬,受强台风"黑格比"的影响,从 9 月 24 日凌晨开始,肇庆、云浮两市出现明显降雨。罗定江流域大部分地区有大雨到暴雨,其余地区有小到中雨。随着雨带西移,罗定江雨势不断加强。罗定江上游罗定古榄水文站于 9 月 24 日 20 时 10 分出现了 8.53 m 的洪峰水位,官良水文站于 9 月 25 日 4 时 10 分出现 30.85 m 的洪峰水位,相应流量为 1 460 m/s^3。运用中国洪水预报系统在 9 月 24 日 20 时(罗定古榄水文站洪峰)对官良水文站洪峰进行预报,预报结果如表 2.24 和图 2.14 所示。根据预报出来的流量值,查综合水位流量关系即得到水位值。

表 2.24　官良水文站 2008 年 9 月洪水预报结果统计表

作业预报时间	预见期长(h)	实际峰现时间	实际峰值(m^3/s)	预报峰现时间	预报峰值(m^3/s)	许可误差绝对值		预报误差		是否合格	
						峰量(m^3/s)	峰时(h)	峰量(m^3/s)	峰时(h)	峰量	峰时
9 月 24 日 20	12	9 月 25 日 4:00	1 400	9 月 25 日 4:00	1 270	260	3	130	0	是	是

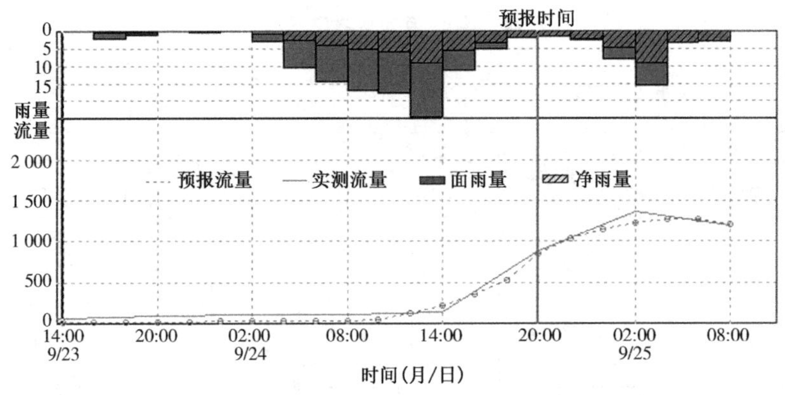

图 2.14　官良水文站 2008 年 9 月洪水预报结果图

表 2.24 的统计结果表明,峰量和峰时的预报结果均在许可误差范围内,用上述方案和参数进行实时作业预报可行。

4. 结论及建议

(1) 从方案率定和评定的结果来看,在该流域方案的确定性系数达到了甲等精度,即洪水拟合过程和实测过程的吻合程度良好,同时对峰量和峰时的预报合格率也达到了乙等以上,可用于实时作业预报。该系统的应用对提高官良水文站洪水预报的时效性和加快预报手段向现代化、多样化发展具有积极意义。

（2）加强对历史洪水资料的分析、总结，同时加深对模型原理的学习和理解，结合罗定江流域实际资料，运用好模型，进一步总结运用中国洪水预报系统预报洪水的经验，最大限度地发挥人机交互预报作用，提高预报精度。

（3）该方案对官良水文站中高洪水拟合、预报的精度要求较高，今后将进一步探讨基于该系统的官良水文站中小洪水的预报，特别是上下游电站的蓄、放水情况对中小洪水的影响，综合考虑预报结果，提高洪水预报精度。

2.3　绥江 2006 年 7 月暴雨洪水预报与误差分析

绥江是北江水系的一级支流，发源于广东省清远市连山县的擒鸦岭，从连山流入肇庆境内，自北向南穿过怀集、广宁、四会两县一市，在四会市马房汇入北江干流，另有三分之一的河水经青岐涌流入西江。绥江干流全长 226 km，流域面积达 7 184 km^2，境内面积 6 530 km^2，占总面积的 90%，平均河床坡降为 0.25‰。流域内 100 km^2 以上的二级支流共 13 条，三级支流 8 条。流域地处亚热带，温湿多雨，多年平均降雨量 1 800 mm，流域年径流量为 79.2 亿 m^3。暴雨洪水多为锋面类天气产生。绥江流域有水文(位)站 7 个，怀集水文站以上为上游段，怀集水文站至古水水文站为中游，古水水文站至四会水文站为下游，如图 2.15 所示。

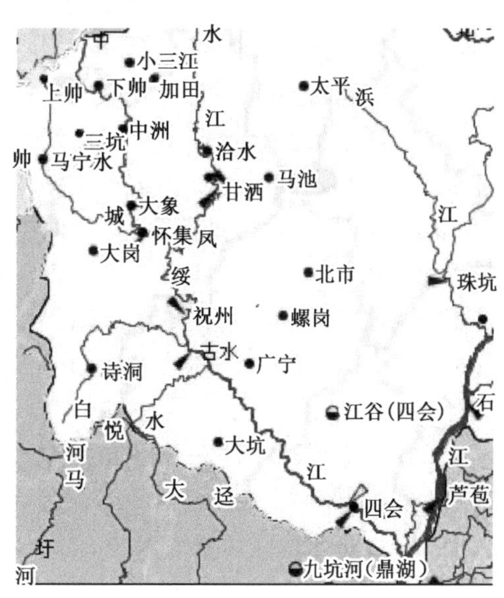

图 2.15　各主要水文站点示意图

绥江流域的洪水预报既要考虑暴雨中心位置、区间槽蓄、前期河段土壤含水量的影响，又要考虑北江回水顶托或分流削峰的影响，因此洪水预报的难度较大。目前，绥江流域洪水预报的主要方法有降雨径流相关法（雨洪预报法）、河段相应水位（流量）法与合成流量法。从怀集水文站或甘洒水文站峰现开始进行河系连续预报，用上中游各支流合成流量和相应水位（流量）法连续预报至四会水文站，预见期一般为 1 天。由于绥江出口控制站上移及近年来北江、绥江河床下切，过水断面面积增大，同一水位情况下断面流量、水面坡降加大，水面线变陡，故洪峰传播时间相应缩短。这些因素在一定程度上增加了洪水预报的难度。同时，区间及预见期暴雨对预报精度的影响也十分明显，这一情况在 2006 年 7 月的洪水中尤为明显。

1. 暴雨情况

受第 4 号强热带风暴“碧利斯”的低压外围环流和西南季风影响，从 2006 年 7 月 15 日开始，绥江流域普降大雨到暴雨、局部大暴雨和特大暴雨。降雨中心主要在怀集县北部。据不完全统计，7 月 15—16 日，流域内 40 个雨量站点中，日降水量超过 100 mm 的站点超过 20 个，其中日降水量超过 120 mm 以上的站点有 6 个，具体为：小三江 132.5 mm、马池 144.5 mm、下帅 129.5 mm、加田 149.5 mm、上帅 146.0 mm、三坑 123.0 mm(站点位置如图 2.15 所示)。绥江流域 2 天流域平均雨量约 132 mm(由流域内各雨量站录得的雨量求算术平均值)。7 月 17 日，上游怀集段雨势明显减弱，中下游古水水文站至四会水文站区间一带仍有大到暴雨。

此次降雨的主要特点是降雨时间集中，雨量大，历时不长。

2. 洪水情况及其特点

(1) 洪水情况。暴雨使绥江沿线各水文站水位不断上涨。怀集水文站于 15 日 11 时，水位开始起涨，每小时最大涨率达 0.38 m，16 日中午，水位涨达警戒水位 50.0 m，16 日 21 时，出现洪峰水位 52.13 m(超警戒水位 2.13 m，为历史第三高水位，约 10 年一遇)；古水水文站于 15 日 23 时 54 分水位开始起涨，每小时最大涨率达 0.26 m，16 日 19 时 30 分水位涨达警戒水位 30.6 m，17 日 4 时 42 分出现洪峰水位 31.60 m(超警戒水位 0.6 m)；四会水文站于 16 日 9 时水位开始起涨，每小时最大涨率达 0.27 m，17 日 9 时 30 分出现 10.80 m 的洪峰水位(平警戒水位)。怀集、古水、四会水文站水位过程线如图 2.16 所示。

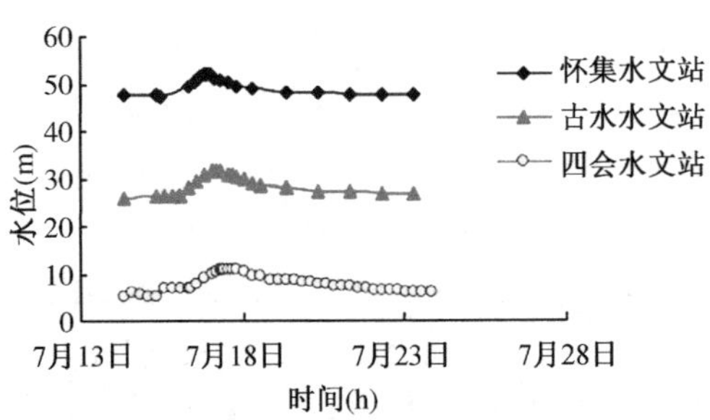

图 2.16 绥江上下游水文站水位过程线对照图

各主要控制站的洪水要素如表 2.25 所示。

表 2.25 主要控制站的洪水要素表

江河名称	水文站名	警戒水位(m)	洪峰			涨幅(m)	涨水历时(h)	洪峰传播	
			时间	水位(m)	相应流量(m^3/s)			河段	时间(h)
绥江	怀集	50.0	7 月 16 日 21:00	52.13		4.90	34.0		
绥江	古水	30.6	7 月 17 日 04:42	31.60		5.54	28.8	怀集—古水	7.7
绥江	四会	10.8	7 月 17 日 09:30	10.80	2 790	4.31	24.5	古水—四会	4.8

（2）洪水特点。此次洪水是由台风雨造成，其主要有如下 3 个特点：

① 降雨中心在怀集县以北，绥江支流凤岗河（代表站为甘洒水文站）、古水河（代表站为祝州水文站）为一般洪水，两支流碰干流洪峰的流量分别约 500 m^3/s 和 300 m^3/s。

② 上游怀集水文站洪水量级接近 10 年一遇，而古水、四会水文站的洪水量级均不到 5 年一遇。这说明了河床下切对下游洪水水位的影响。

③ 上游古水水文站洪峰出现后，古水水文站至四会水文站区间降大到暴雨（其中 17 日 5 时—7 时威整水文站的降雨量为 27 mm，四会水文站为 20 mm），对四会水文站洪峰水位有明显的加峰作用，并缩短了四会水文站的出峰时间（此次洪水古水水文站至四会水文站洪峰传播时间为 4.8 h，明显比平均传播时间 12 h 短）。

3. 洪水预报及误差原因分析

（1）洪水预报情况。

① 绥江流域预报思路。

a. 采用雨洪预报方案预报怀集水文站洪水要素。准备资料包括怀集水文站的起涨水位、时间、实时水位，影响次洪水的小三江、中洲、马宁水、大岗、怀集 5 个水文站的雨量值。首先估算流域平均雨量 ΔP，根据起涨水位、ΔP 及集雨时间（约 20 h），预报怀集水文站的洪峰水位及峰现时间。

b. 采用合成流量法预报古水水文站洪水要素。准备资料包括考虑古水水文站同时水位，以怀集峰为主的怀集、甘洒、祝州 3 个水文站的洪峰平均传播时间进行的洪水组合，确定相应流量；以合成流量及古水水文站同时水位预报古水水文站洪峰水位，根据怀集至古水水文站的平均传播时间（约 8 h）预报古水水文站洪峰出现时间。

c. 采用相应水位法预报四会水文站洪水要素。以古水水文站的洪峰水位及四会水文站同时水位预报四会水文站洪峰水位，根据古水至四会水文站的平均传播时间（约 12 h）来预报四会水文站洪峰出现时间。

预报的整个过程主要应考虑绥江前期已出现连续降雨，土壤含水量饱和及各山塘水库蓄水已满等因素，但更需考虑近年来绥江河床下切及影响此场洪水的西、北江洪水位低，使洪峰传播时间加快，洪峰水位降低。

② 洪水预报的具体情况。7 月 16 日 14 时开始，上游怀集一带雨势减弱，约 15 时发布水文预报，预计怀集水文站 16 日 19 时出现约 52.2 m 的洪峰水位，古水水文站于 17 日凌晨出现约 31.6 m 的洪峰水位，四会水文站 17 日下午出现约 10.5 m 的洪峰水位。

7 月 17 日凌晨开始，古水水文站至四会水文站区间降大到暴雨，四会水文站 8

时水位为 10.62 m,并以 0.1～0.13 m/h 的速度上涨,因此发布水文预报,对四会水文站的洪峰水位进行修正预报,预计四会水文站 17 日傍晚出现约 11.0 m 的洪峰水位。洪水预报评估情况如表 2.26 所示,许可误差的规定见《水文情报预报规范》(SL 250—2000)。

表 2.26　洪水预报评估情况表

水文站别	作业预报时间	预报时间	实际时间	预报值(m)	实际值(m)	误差(m)	许可误差(m)	是否合格	备注
怀集	7 月 16 日 15:00	7 月 16 日 19:00	7 月 16 日 21:00	52.2	52.13	0.07	±0.27	合格	洪峰预报
古水	7 月 16 日 15:00	7 月 17 日凌晨	7 月 17 日 4:42	31.6	31.6	0.0	±0.47	合格	洪峰预报
四会	7 月 16 日 15:00	7 月 17 日下午	7 月 17 日 9:30	10.5	10.8	−0.30	±0.63	合格	洪峰预报
	7 月 17 日 9:00	7 月 17 日傍晚	7 月 17 日 9:30	11.0	10.8	0.20	±0.10	合格	区间大到暴雨,洪峰修正预报

(2) 预报误差原因分析。

① 难以定量分析河床下切及北江洪水顶托对四会水文站洪峰水位的影响。多年的预报实践发现,和西、北江一样,绥江下游四会水文站河床同样存在河床下切现象,造成洪峰水位偏低。另外,17 日 8 时清远水文站水位为 14.09 m,对绥江四会水文站的洪峰水位有一定的抬高作用,两者的相互影响关系较难确定。

② 过高估计区间暴雨对四会水文站洪峰水位的抬高值。上游古水水文站洪峰出现后,古水至四会水文站区间降大到暴雨,对四会水文站洪峰水位有明显的加峰作用,并缩短了四会水文站的出峰时间。我们由于对区间雨的这一影响考虑不全面,过高估计了它对四会水文站洪峰水位的抬高值,导致 17 日上午四会水文站的洪峰修正预报值偏高。

4. 结论与讨论

(1) 加强区间及预见期内暴雨对洪峰水位的影响分析。区间雨对洪峰水位有明显的加峰作用,同时也会缩短下游水文站的洪峰出现时间。在今后的预报分析工作中,要不断加强对区间雨这一影响因素的考虑与分析,并注意总结规律。

(2) 洪水实时过程线趋势及涨率估报。流域降雨结束后，除进行常规作业预报外，还可参考洪水实时过程线趋势及涨率进行洪峰水位及峰现时间估报。通过对多综合站点的洪水实时过程线的分析，可提高作业预报精度。

(3) 开展绥江下游河床下切情况及其对四会水文站洪水预报影响的分析。绥江河床下切，使洪峰传播时间加快，洪峰水位降低。平时的工作要注意收集绥江下游河床下切情况，总结积累数据和经验。在预报具体的场次洪水时，我们应再结合西、北江洪水水位情况进行分析，力求提高预报精度。

2.4　温州地区台风暴雨洪水分析

浙江省温州市位于浙江省东南部，东濒东海，是全国高感潮区。温州市水系发达，河流众多，主要有瓯江、飞云江和鳌江流域，境内流域面积 9 374.2 km^2。温州市属于季节性气候，每年 7—9 月多受台风影响，多年平均降水量为 1 833 mm。

2.4.1　2015 年“苏迪罗”台风暴雨洪水浅析

1. 台风情况

第 13 号热带风暴“苏迪罗”于 2015 年 7 月 30 日 20 时在温州东南偏东方向生成，8 月 2 日 2 时加强为强热带风暴、14 时加强为台风，8 月 3 日 2 时加强为强台风，14 时再次加强为超强台风，5 日 20 时减弱为强台风，8 月 7 日 20 时再次加强为超强台风，8 日 2 时减弱为强台风。8 月 8 日上午在中国台湾花莲县附近登陆，登陆时中心附近最大风力 14 级(45 m/s)，中心最低气压为 950 hPa。8 日 11 时穿过中国台湾进入台湾海峡降为台风，8 日下午 22 时 10 分在福建省莆田市秀屿区沿海登陆，登陆时中心最大风力 13 级(38 m/s)，中心气压 970 hPa。

2. “苏迪罗”台风暴雨洪水分析

台风“苏迪罗”强度大、风力猛，降水云系发达。台风期间，温州普降暴雨，局部特大暴雨，暴雨中心在平阳县南雁荡山脉吴地山南麓、泰顺县彭溪镇外垟村和文成县十源乡等地，多个水文站短历时暴雨值刷新历史记录。全市过程面平均雨量为 271.9 mm。日降雨量最大为文成县桂山水文站的 608.5 mm，暴雨重现期超 200 年一遇。受强降水影响，各江河水位均有不同程度上涨。

(1) 暴雨特点。

① 过程雨量大。8 月 7 日 8 时至 10 日 8 时，温州市面平均雨量为 271.9 mm，其中文成县为 395.5 mm，泰顺县为 367.8 mm，苍南县为 319.8 mm，平阳县为 306.9 mm，如表 2.27 所示。

表 2.27 “苏迪罗”台风温州市各县(市、区)过程降雨量

区域	鹿城区	瓯海区	龙湾区	洞头区	乐清市	瑞安市	苍南县	文成县	泰顺县	平阳县	永嘉县	全市
雨量(mm)	167.1	180.8	63.4	44.0	209.4	240.3	319.8	395.5	367.8	306.9	241.5	271.9

过程雨量 700 mm 以上的水文站点有 2 个，文成桂山水文站为 755.5 mm，平阳吴垟水文站为 717.0 mm。600 mm 以上的水文站点有 21 个，500 mm 以上的水文站点有 102 个，400 mm 以上的水文站点有 219 个。过程累计降水量大于 400 mm 的雨区覆盖面积 1 709 km^2（雨量等值线如图 2.17 所示），占温州市国土面积的 14.5%。

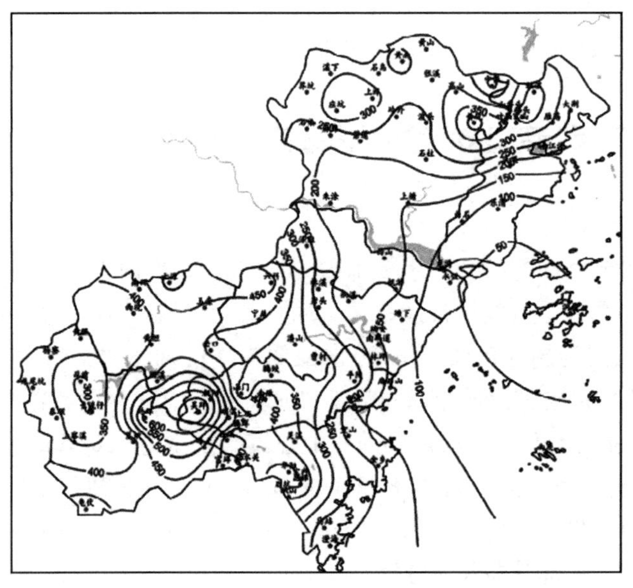

图 2.17 “苏迪罗”台风影响期间温州市降雨量等值线图

② 短历时降雨强度大。最大 1 h 降雨量是苍南灵溪水文站的 100.0 mm，最大 3 h 降雨量是文成福首源水文站的 176.0 mm，最大 6 h 降雨量是文成桂山水文站的 259.0 mm，最大 12 h 降雨量是文成桂山水文站的 413.5 mm。

最大 24 h 降雨量是文成桂山水文站的 645.0 mm。最大 24 h 降雨量超历史记录的水文站点有：平阳吴垟水文站为 602.0 mm，暴雨重现期 80 年一遇；泰顺外垟水文站为 538.0 mm，暴雨重现期 30 年一遇；泰顺龟伏水文站为 438.5 mm，暴雨重现期超 80 年一遇；文成十源水文站为 429.0 mm，暴雨重现期近 50 年一遇；珊溪水库水文站为 403.0 mm，暴雨重现期近 60 年一遇。

最大 1 天降雨量是文成桂山水文站的 608.5 mm，其暴雨重现期超 200 年一遇。平阳吴垟水文站日降雨量为 570.5 mm，超历史实测记录（历史最大降雨量为 1990 年 17 号台风的 393.2 mm），其暴雨重现期近 200 年一遇。

（2）水情分析。

① 江河水情分析。台风期间，温州市各平原河网水位均有不同程度上涨，其中瑞平、江南、鳌江内河水位涨幅较大，如表 2.28 所示。瑞平水系平阳水文站最高水位为 3.23 m，超警戒水位 0.11 m；江南水系宜山水文站最高水位为 3.03 m，超警戒水位 0.04 m；鳌江内河水文站最高水位为 3.15 m，超警戒水位 0.12 m。

表 2.28　“苏迪罗”台风温州市各平原河网水位情况表

河　网	7 日 8:00 水位(m)	10 日 8:00 水位(m)	最高水位 (m)	最高水位出现时间	警戒水位 (m)	超警戒 (m)
温瑞（西山水文站）	2.63	2.66	2.97	9 日 6:45	3.14	
瑞平（平阳水文站）	2.07	3.22	3.23	9 日 9:10	3.12	0.11
虹柳（乐清水文站）	2.14	2.79	2.79	10 日 7:55	3.18	
永强塘河（永强水文站）	2.15	2.37	2.37	10 日 7:15	3.14	
江南（宜山水文站）	2.11	2.75	3.03	9 日 9:50	2.99	0.04
鳌江（内河水文站）	2.45	2.69	3.15	9 日 6:40	3.03	0.12

受上游洪水和下游高潮位顶托影响，鳌江水头水文站水位于 8 日 22 时 10 分超过 8.00 m 警戒线、9 日 2 时 10 分出现洪峰水位 10.45 m、10 日 1 时 20 分退至 8.00 m 以下。水位在 8.00 m 以上约持续 27 h。埭头水文站于 8 月 9 日 0 时 45 分出现洪峰水位 16.28 m，超警戒水位 1.13 m，相应流量 2 660 m^3/s，为 10 年一遇洪水。

飞云江中游峃口水文站于 9 日 1 时 10 分出现洪峰水位 28.55 m，超警戒水位 0.55 m，相应洪峰流量 2 600 m^3/s。各江河控制站洪水要素和水位过程线分别如表 2.29 和图 2.18 所示。

表 2.29　主要江河控制站洪水要素

水文站名	起涨		洪峰			涨幅(m)	涨水历时(h)	洪水频率	警戒水位(m)
	时间	水位(m)	时间	水位(m)	相应流量(m^3/s)				
埭头	8 日 6:00	11.97	9 日 00:45	16.28	2 660	4.31	18.75	10 年一遇	15.15
水头	8 日 7:00	4.50	9 日 2:10	10.45		5.95	19.17		8.00
峃口	8 日 6:00	22.79	9 日 1:10	28.55	2 600	5.76	19.17		28.00

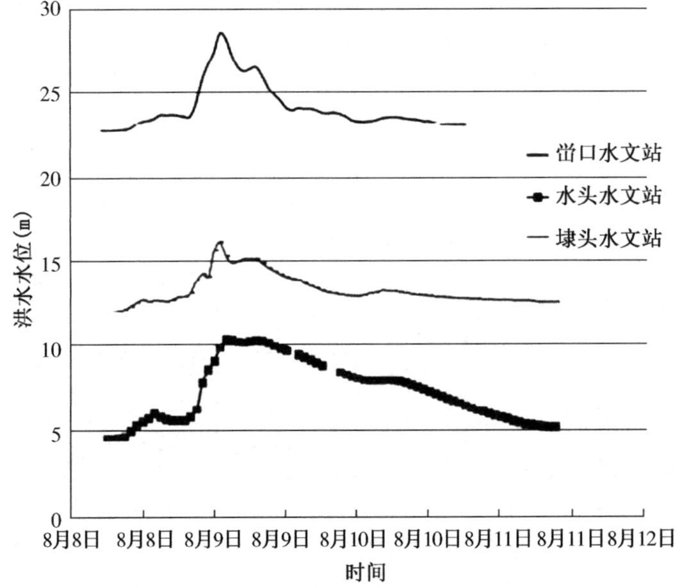

图 2.18　主要控制水文站洪水水位过程线

② 潮位情况。台风期间，正值天文小潮期，沿海潮位增水不明显，增水幅度约 0.5～1.0 m，三大江潮位均没有超过警戒水位。

③ 水库水情。至 8 月 10 日 8 时，温州全市大中型水库平均蓄水率为 100%，其中大型水库珊溪水库蓄水率为 100%，中型水库平均蓄水率为 103%。大中型水库蓄水总量为 16.55×10^8 m^3，与 8 月 7 日 8 时相比，水库蓄水总量增加了 4.67×10^8 m^3。

全市多个水库超汛限水位，平阳县顺溪水库最高水位 186.95 m，超汛限水位 26.95 m；苍南县桥墩水库最高水位 54.77 m，超汛限水位 7.08 m。

3. "苏迪罗"与"菲特"台风对比分析

(1) 台风特征。"苏迪罗"台风生成以后迅速加强为超强台风,超强台风强度维持 55 h,强台风维持 15 h,最强时的风力达到 65 m/s(17 级以上)。登陆中国台湾时为强台风级,登陆福建省沿海时为台风级。"苏迪罗"台风为近 10 年在福建省中部登陆,对温州全市有影响台风中小时雨强最强、面雨量最大的台风。

"菲特"台风于 2013 年 10 月 7 日 1 时 15 分在福建省福鼎市沙埕镇沿海登陆,登陆时中心附近最大风力 14 级(达 42 m/s),中心气压 955 hPa,苍南县、平阳县等地最大风力超过 17 级。"菲特"台风是中华人民共和国成立以来 10 月登陆我国大陆的最强台风。

(2) 雨情。两次台风影响的暴雨特点都是雨量强大,降雨集中,降雨时空分布不均等。"苏迪罗"台风暴雨中心在平阳南雁荡山脉吴地山南麓、泰顺外垟和文成十源等地;"菲特"台风暴雨中心在戍浦江、瑞安、鳌江和矾山等片区。"菲特"台风期间温州全市面平均雨量为 273.7 mm,与"苏迪罗"台风相当。"菲特"台风期间单站过程雨量最大为永嘉县的中保水文站的 539.2 mm,较"苏迪罗"台风的文成桂山水文站(755.5 mm)少 28.6%。

(3) 水情。"苏迪罗"和"菲特"台风期间,瑞平、江南、鳌江内河水位均超警戒,且温瑞塘河西山水文站在"菲特"台风期间出现最高水位 4.08 m,达 10 年一遇。

"菲特"台风期间,鳌江埭头水文站于 7 日 4 时 50 分出现洪峰水位 15.10 m,相应流量 1 360 m/s^3,较"苏迪罗"台风时的洪峰低 1.18 m。

潮水方面,"菲特"台风影响期间正值农历天文大潮,受台风影响,沿海潮位增水明显,多次超过警戒潮位。温州三大江中,瓯江温州潮位站最高潮位 4.92 m,超过警戒潮位 0.92 m;飞云江最高潮位 4.67 m,超过警戒潮位 0.87 m;鳌江最高潮位 5.22 m,超警戒潮位 1.52 m、超历史最高潮位 4.80 m,近 100 年一遇。

4. 建议

受台风"苏迪罗"影响,温州市文成县、平阳县、泰顺县受灾情况最为严重,三地数十处发生山洪和泥石流灾害,多处房屋被冲毁,顺溪、水头、大峃、珊溪、罗阳等城镇严重受淹,水头镇水位最深处达 4.3 m,农业、水利、电力、交通等设施损失严重。建议要做好以下几个方面的工作:

(1) 加强对历史相似台风、暴雨洪水的总结、对比研究,对易发生地质灾害的地区做到提早预报。

(2) 协调好各水库大坝安全与防洪的关系,加强水利工程的联合调度,充分发挥防汛功能。

（3）提高流域防洪标准，加大资金投入，提高重要河段和城镇建设标准，提高抵御洪水能力。

（4）优化温州市各县、区的排水管网，提高排涝能力。

2.4.2 鳌江流域2016年“莫兰蒂”台风暴雨洪水分析与思考

鳌江流域地处我国东南沿海，台风洪水灾害历来十分频繁。台风、暴雨、大潮三碰头，使河流两岸城镇、农田、村庄频繁受淹成灾。近几年来，城乡开发人为侵占水域，使天然滞洪区面积缩减，更加剧了洪涝灾害的发生，严重影响了经济社会发展和人民生命财产安全。

通过对“莫兰蒂”台风期间鳌江流域暴雨洪水的分析，以期为流域的防汛调度和抗灾减灾提供参考依据。

1. 区域概况

鳌江是浙江省8条主要江河之一，位于温州市西南部，主流发源于南雁荡山脉的吴地山麓，在文成县桂山乡桂库村，主峰高程1 124 m，源头海拔835 m。鳌江水系呈树枝状，干流自西向东经顺溪、水口至鳌江河口，总长82.47 km，流域面积1 521.5 km^2。鳌江支流有11条，横阳支江是最大的支流，集雨面积达到700 km^2以上；集雨面积80～100 km^2的支流有3条；集雨面积20～50 km^2的支流有7条。

鳌江流域属亚热带季风气候，雨量丰沛，多年平均降雨量1 821 mm，多年平均径流深1 156 mm。降水主要集中在春末夏初的梅雨季节和8—9月台汛期，多为锋面雨、台风雨和雷雨。尤其是台风暴雨历时短，强度大，容易形成洪水泛滥。鳌江流域主要水系、站点如图2.19所示。

2. “莫兰蒂”台风路径

第14号超强台风“莫兰蒂”于2016年9月10日下午2时由美国关岛以西的热带低压生成。11日上午8时位于我国台湾花莲县东偏南方大约1 690 km的西北太平洋洋面上，风力为9级(23 m/s)，气压990 hPa，7级风圈半径120～200 km。12日2时，加强为台风；12日8时，加强为强台风；12日11时，加强为超强台风。14日6时，超强台风“莫兰蒂”中心位于广东省汕头市东南偏东约520 km的巴士海峡海面上，中心附近最大风力17级以上，达到65 m/s的风速，中心最低气压905 hPa，8级大风范围半径约240 km。14日23时，风力减弱为强台风。

15日3时05分“莫兰蒂”台风在福建省厦门市翔安沿海登陆，登陆时中心附近最大风力为15级(48 m/s，强台风级)，中心气压945 hPa。

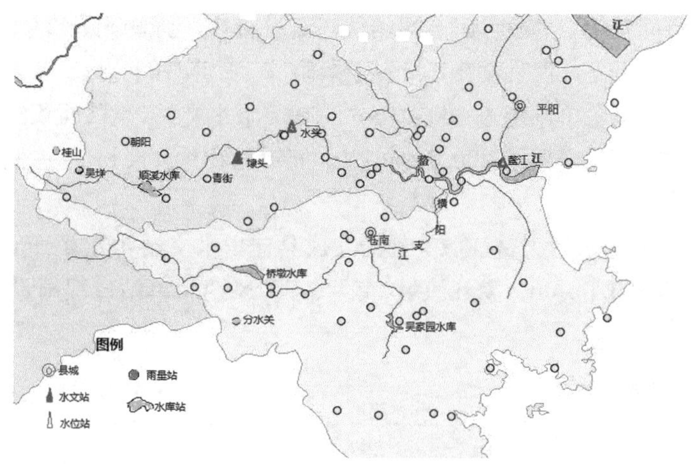

图 2.19　鳌江流域水系、站点图

3. 暴雨特点分析

受第 14 号超强台风“莫兰蒂”影响，鳌江流域普降大雨、暴雨、特大暴雨。降雨主要集中在 9 月 14 日 8 时至 16 日 14 时，鳌江流域平均降水量 189 mm，其中鳌江平原 105.9 mm、北港 215.8 mm、南港及江南平原 192.0 mm。“莫兰蒂”台风过程雨量等值线如图 2.20 所示。

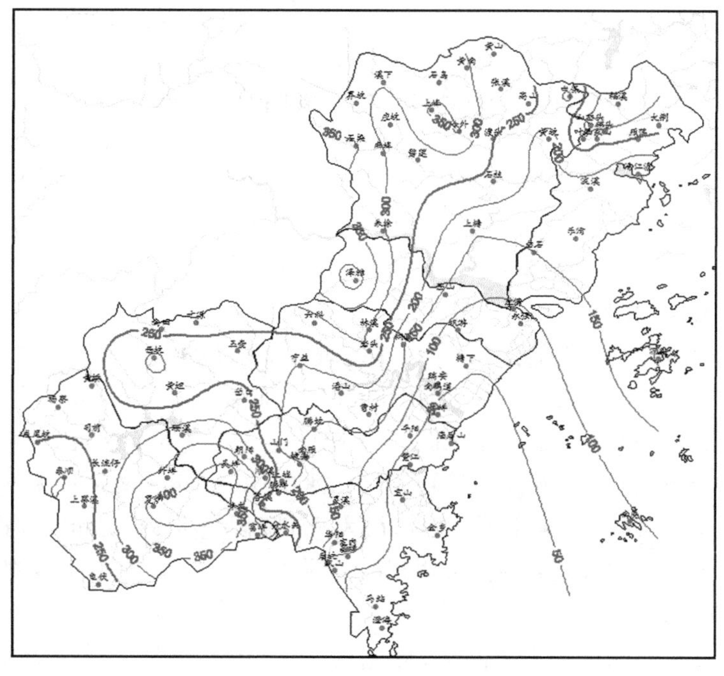

图 2.20　“莫兰蒂”台风过程雨量等值线

(1) 降雨空间集中。“莫兰蒂”台风给鳌江流域带来了强降雨,流域源头南雁荡山脉吴地山南麓一带是此次暴雨中心之一,暴雨中心随着时间的推移逐步向鳌江下游延伸。流域过程雨量单站超过 300.0 mm 的有 7 个水文站,笼罩面积约 198 km^2,占流域总面积的 13%;降雨量 200.0 mm 以上笼罩面积约 441 km^2,占流域总面积的 29%。

单站过程最大降水量为鳌江源头处的文成县桂山水文站 468.0 mm,其次是平阳县吴垟水文站 423.0 mm。鳌江流域“莫兰蒂”台风期间单站过程雨量如图 2.21 所示。

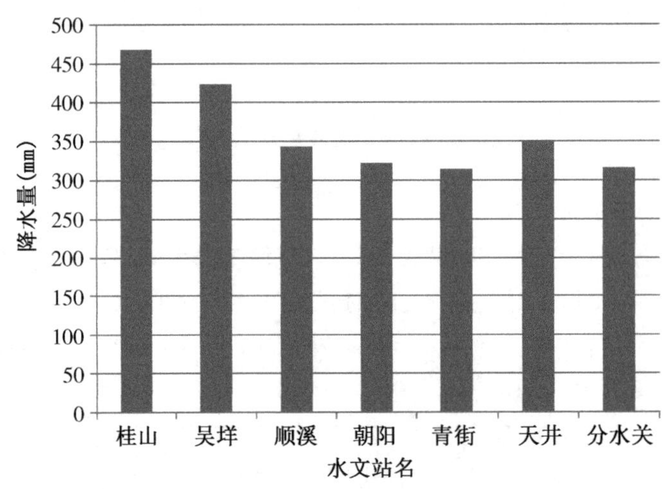

图 2.21 鳌江流域“莫兰蒂”台风期间单站过程雨量

(2) 降雨强度大、时程分布集中。“莫兰蒂”台风影响期间,鳌江流域累计 24 h 降雨量超 200.0 mm 的有 4 站次,降雨量 100.0~200.0 mm 的有 35 站次。最大 24 h 降雨量为桂山水文站 248.5 mm,日降雨量(9 月 15 日)超 100.0 mm 的有 28 站次,达到大暴雨级别。

统计桂山水文站、吴垟水文站最大 1 h、最大 3 h、最大 6 h 和最大 12 h 的降雨量特征值,如表 2.30 所示。最大 1 h 降雨量为吴垟水文站 74.5 mm(15 日 13 时—14 时),较历史(1993 年 8 月 7 日)最大 1 h 降雨量少 3.4 mm,接近 20 年一遇。最大 3 h、最大 6 h、最大 12 h 降雨量均为桂山水文站;吴垟水文站最大 6 h 降雨量 151.1 mm,较历史(2006 年 8 月 10 日)最大 6 h 降雨量少 91.0 mm,桂山水文站、吴垟水文站的最大 6 h 雨量占过程累积雨量的 30%以上,最大 12 h 雨量占过程累积雨量的 50%以上。

注:由于桂山水文站为新建的雨量站点,缺少历史资料,吴垟水文站与桂山水

文站较近，故分析吴垟水文站有一定的代表性。

表 2.30　9 月 15 日主要站点各时段暴雨值统计表

水文站名及占过程总量	时段				
	最大 1 h (mm)	最大 3 h (mm)	最大 6 h (mm)	最大 12 h (mm)	过程总量 (mm)
桂　山	74.0	133.5	168.0	277.5	468.0
	13:00—14:00	11:00—14:00	8:00—14:00	2:00—14:00	
占过程总量 (%)	15.8	28.5	35.9	59.3	
吴　垟	74.5	118.5	151.1	245.0	423.0
	13:00—14:00	11:00—14:00	9:00—15:00	2:00—14:00	
占过程总量 (%)	17.6	28.0	35.7	57.9	

4. 水情分析

（1）江河水情。暴雨使鳌江流域各江河水位均有不同程度上涨，鳌江干流主要控制站水头、埭头水文站出现了超警戒水位，如表 2.31 所示，鳌江潮位站最高潮位也超过警戒水位。

表 2.31　各河道主要控制水文站洪峰水位表

水文站名	警戒水位 (m)	保证水位 (m)	洪峰			超警情况	
			水位 (m)	出现时间	相应流量 (m^3/s)	超警戒 (m)	超保证 (m)
埭头	14.00	15.30	14.70	9 月 15 日 16:15	1 100	0.70	
水头	7.00	8.20	9.19	9 月 15 日 17:10		2.19	0.99

埭头水文站于 14 日 12 时 25 分在 12.14 m 的水位起涨，15 日 15 时 20 分达到 14.00 m 警戒水位，15 日 16 时 15 分出现洪峰水位 14.70 m，相应流量为 1 100 m^3/s，较历史最大流量少 300 m^3/s。涨水历时 27.83 h，涨差 2.56 m。后续受降水补充，水位复涨，16 日 1 时 05 分水位完全退至警戒水位以下。在这场洪水中埭头水文站洪水总量约 0.640 亿 m^3。

受上游洪水和下游高潮位顶托影响，水头水文站于 14 日 16 时 55 分在 4.82 m

的水位起涨，15 日 8 时 45 分达到 7.00 m 警戒水位，15 日 17 时 10 分出现洪峰水位 9.19 m，16 日 14 时 15 分水位退到警戒水位以下。涨水历时 24.25 h，涨差 4.37 m，警戒水位以上持续时间 29.5 h(水文站水位过程线如图 2.22 所示)。鳌江潮位站 17 日 22 时出现最高潮位 4.24 m，超过警戒潮位(3.85 m)0.39 m。

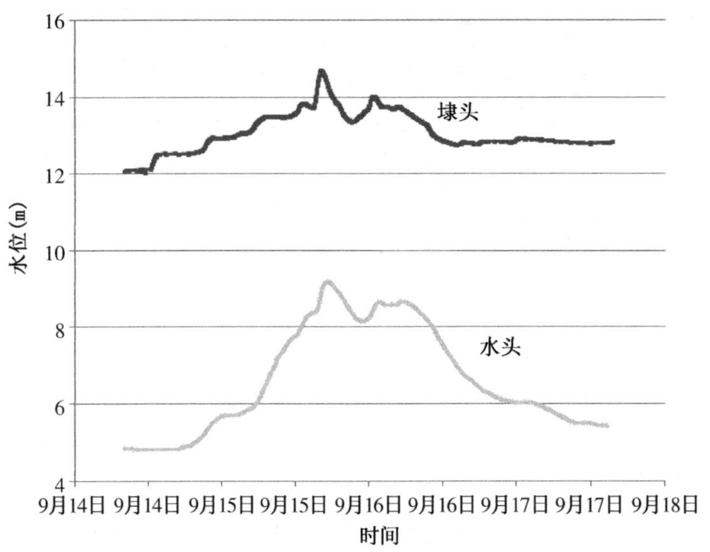

图 2.22　鳌江流域主要控制站水位过程线

(2) 水库水情。鳌江流域有 3 座水库。桥墩水库建于 1958 年，是治理横阳支江的水利枢纽工程，位于温州市苍南县桥墩镇仙堂村，坝址以上集雨面积 138 km^2，主流长度 26.5 km，总库容 8 420 万 m^3，正常库容 5 160 万 m^3，设计防洪库容 1 909 万 m^3。吴家园水库也建于 1958 年，位于横阳支江右岸支流藻溪上游吴家园村。水库坝址以上集雨面积 33.8 km^2，总库容 2 320 万 m^3，正常库容 1 140 万 m^3。水库上游昌禅一带是南港流域暴雨中心。顺溪水库于 2014 年蓄水，位于温州市平阳县鳌江北港支流顺溪上，坝址以上集雨面积 92.3 km^2，总库容 4 265 万 m^3，正常库容 2 341 万 m^3。

9 月 14 日 8 时至 9 月 16 日 14 时，吴家园水库、桥墩水库、顺溪水库的蓄水量变化分别为 179.0 万 m^3、1 908 万 m^3 和 1 415 万 m^3，如表 2.32 所示。顺溪水库和桥墩水库水位超汛限水位，顺溪水库 15 日 20 时 40 分出现洪峰水位 182.68 m，超汛限水位 22.68 m(汛限水位为 160.00 m)；桥墩水库 16 日 7 时 50 分出现洪峰水位 52.94 m，超汛限水位 5.25 m(汛限水位为 47.69 m)。

表 2.32　各水库蓄水动态表

水库名称	9月14日8:00		9月16日14:00		蓄水量变化（万 m^3）	汛限水位（m）
	水位（m）	库容（万 m^3）	水位（m）	库容（万 m^3）		
吴家园水库	34.46	795.0	36.56	974.0	179.0	40.49
桥墩水库	44.74	3 383	52.83	5 291	1 908	47.69
顺溪水库	161.54	1 458	181.31	2 873	1 415	160.00

5. 几点思考

（1）现状水害面临的主要问题。2016年的超强台风"莫兰蒂"虽未在温州市正面登陆，但是台风带来的强降雨给鳌江流域带来了很大灾害。鳌江流域历来洪灾十分频繁，以水头镇为中心的北港平原，由于其特殊的地理位置，每逢100 mm以上暴雨就发生洪水灾害，每年少则2次，多则10多次。现状水害通过分析发现主要有3个问题：一是山区面积大，鳌江流域山区面积占总面积的71%；二是暴雨中心位于上游的山区，坡降大，洪峰流量大且水流急；三是达标的堤防少，且水头、麻布段基本处于无堤防状态。

（2）防洪减灾措施建议。

① 鳌江流域现状洪涝灾害发生频繁，既有地形等客观原因，也有防洪工程建设滞后等原因，进一步在上游建设水利枢纽工程，从源头上削减洪峰，同时整治堤防、疏浚河道、治理河口等，按照"先上游、后下游"的顺序，力求根本性提高流域防洪减灾能力。

② 从有利于防洪、河势稳定等要求出发，合理制定鳌江流域采砂区规划，将砂石开采的管理与流域治理有机结合。

③ 修编埭头水文站的洪水预报方案，根据上游来水和未来可能的降雨情况，做好洪水预报，提高洪水预报的预见期。

④ 制定科学的水库调度方案，分洪有度，确保水工程安全运行。

参考文献

[1] 屠新武，马文进. 黄河中游"2003・7"特大暴雨洪水分析[J]. 水文，2004，24(4)：61-64.

[2] 陈德坤，孙继昌. 水情年报1997[M]. 北京：中国水利水电出版社，1998.

[3] 谢绍平，马派可，林进条，等. 西江下游高要水文站洪水预报方法的改进研究[J]. 水文，2005，25(6)：50-52.

[4] 周艏，许小娟，孙以三. 连江干流洪水水面线分析[J]. 中国农村水利水电，2005(3)：46-48.
[5] 赵渭军. Hec-2 方法在桥涵壅水水面线计算中的应用[J]. 浙江水利科技，1994(4)：49-54，64.
[6] 赵立锋，陈望春，杨辉. 姚江流域"桑美"台风的暴雨洪水分析[J]. 水文，2002，22(6)：61-62.
[7] 丁晶，刘权授. 随机水文学[M]. 北京：中国水利水电出版社，1997.
[8] 陈崇德，牛爱军. R/S 分析在水库年来水趋势预测中的应用[J]. 水资源与水工程学报，2010，21(3)：174-176.
[9] 章四龙. 中国洪水预报系统设计建设研究[J]. 水文，2002，22(1)：32-34.
[10] 中华人民共和国水利部. 水文情报预报规范：SL 250—2000[S]. 北京：中国水利水电出版社，2001.
[11] 白炳锋，林湘如. 温州 1323 号"菲特"台风暴雨洪水分析[J]. 中国水运(下半月)，2014，14(7)：194-195.
[12] 温州市水利志编纂委员会. 温州市水利志[M]. 北京：中华书局，1998：55.
[13] 郑加才，刘艳伟. 新安江三水源分块模型在鳌江流域埭头站洪水预报方案编制中的应用[J]. 浙江水利科技，2008(3)：4-5.
[14] 倪立建，蔡德迪. 鳌江流域采砂活动对河流及涉水工程的影响分析[J]. 浙江水利科技，2012(2)：63-64，67.

第3章

水资源开发利用

水资源是战略性资源，直接决定着经济发展速度和人类的生活质量，水资源特征直接影响着区域水资源的开发利用，也影响着社会经济的可持续发展和生态环境的良性循环。

江苏省南通市地处长江三角洲，东濒黄海、南依长江，全市陆域面积 8 001 km^2，海域面积 8 701 km^2。南通市属北亚热带和暖温带季风气候，四季分明，雨水充沛，地势平坦，河道成网，内陆水面积约占总面积的 13%。

我们分析南通市水资源开发利用现状，就是要更好地落实水资源刚性约束制度，“强监管、补短板”，实现水资源最优化配置，促进南通市更好、更快发展。

3.1 南通市水资源开发利用现状

3.1.1 水资源基本情况

1. 降雨及蒸发

南通市雨水充沛，多年平均降雨量 1 060 mm，最大年降雨量 1 550.7 mm(1991 年)，最小年降雨量 568.5 mm(1978 年)。降雨时段分布不均，主要集中在汛期(5—9 月)，多年汛期平均降雨量为 688.1 mm，占全年降雨量的 64.9%。全市多年平均蒸发量为 824 mm，年最大蒸发量为 956.4 mm，年最小蒸发量为 723.4 mm。

2. 水资源量

南通市水资源量包括地表水、地下水和入境水三部分。地表水资源量利用长系列径流数据得到，全市多年平均地表水资源量 26.19 亿 m^3；浅层地下水主要由大气降水补给，另外包括田间灌溉入渗和沟河渗漏等补给，各项补给量扣除潜水。蒸发量和重复计算量为浅层地下水资源量，全市多年平均浅层地下水资源量为 5.81 亿 m^3；南通市入境水主要指沿江涵闸(除启东、海门外)引进的长江水量，据统计，全市沿江涵闸多年年均引江水量 37.57 亿 m^3，最大年引水量 59.957 亿 m^3（1982 年），最小年引水量 31.917 亿 m^3（1967 年）。

3. 水质

长江南通段水质总体较好，20 世纪 90 年代至 2018 年地表水水质一直保持在《地表水环境质量标准》(GB 3838—2002)内的Ⅱ～Ⅲ类。南通市浅层地下水矿化度较高，矿化度自西向东逐渐增大，不宜饮用。

3.1.2 水资源开发利用现状

1. 供水量

2018 年南通全市供水总量为 44.82 亿 m^3，比 2017 年减少 0.81 亿 m^3。其中地表水资源量为 29.71 亿 m^3，占供水总量的 66.3%；地下水资源量为 10.93 亿 m^3，占供水总量的 24.4%；其余为过境水。

2. 用水量

2018 年南通全市用水量 37.39 亿 m^3。按地区来看，崇川区用水量 9.95 亿 m^3，通州区 4.48 亿 m^3，海安市 5.06 亿 m^3，如皋市 6.85 亿 m^3，如东县 6.29 亿 m^3，海门区 2.31 亿 m^3，启东市 2.45 亿 m^3，各地水量占比如表 3.1 所示。按用水结构分类，生产用水 32.29 亿 m^3，城镇公共用水 0.94 亿 m^3，居民生活用水 3.05 亿 m^3，生态环境补水 1.11 亿 m^3。生产用水中，农业灌溉用水 19.84 亿 m^3，林木渔畜用水 1.59 亿 m^3，工业用水 10.86 亿 m^3。

表 3.1　南通市各市(县、区)水量占比

	崇川区	通州区	海安市	如皋市	如东县	海门区	启东市
水量(亿 m^3)	9.95	4.48	5.06	6.85	6.29	2.31	2.45
占总水量比重(%)	26.6	12.0	13.5	18.3	16.8	6.2	6.6

3. 用水水平分析

2018 年南通全市人均综合用水量为 511.5 m^3，高于同时期全国人均综合用水量的 432 m^3。万元 GDP 用水量为 44.7 m^3，低于同时期全国万元 GDP 用水量的 66.8 m^3。万元工业增加值用水量为 32.4 m^3（含火电）。城镇居民生活用水指标为 104 L/人・日，农村居民生活用水指标为 124 L/人・日。全市农田灌溉水有效利用系数为 0.638 5。全市各县(市、区)各项用水指标如表 3.2 所示。

表 3.2　2018 年南通各县(市、区)级行政区各项用水指标

行政区	万元 GDP 用水量 (m^3)	工业增加值用水量 (m^3/万元)	城镇居民生活用水 (L/人·日)	农村居民生活用水 (L/人·日)	农田灌溉水有效利用系数
通州区	36.28	7.39	96.1	50.3	0.637 5
海安市	50.48	3.84	97.1	98.3	0.639 8
如皋市	63.10	7.60	55.1	216.5	0.595 1
如东县	66.84	10.92	138.1	115.6	0.635 1
海门区	19.15	9.48	119.8	148.3	0.667 0
启东市	23.46	4.63	38.6	100.5	0.656 2

3.1.3　用水量变化特征分析

根据《南通市水资源公报》,从图 3.1 中我们不难发现,2007—2018 年南通市用水总量总体呈下降趋势,2018 年用水量相对较少,2007 年用水量则最大,2010 年和 2011 年、2014 年和 2015 年用水量接近,分别保持在 54 亿 m^3 和 39 亿 m^3 左右。10 多年间,全市平均用水量为 49.67 亿 m^3,其中农业用水 22.53 亿 m^3,占 45.4%;工业用水 14.87 亿 m^3,占 30.0%;居民生活与城镇公共用水 3.21 亿 m^3,占 6.5%;环境与生态用水 9.06 亿 m^3,占 18.2%。

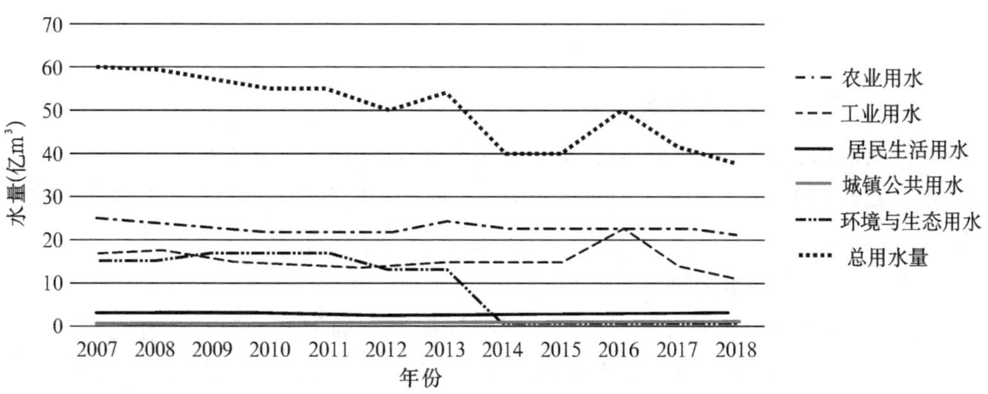

图 3.1　2007—2018 年南通市用水量

2014—2018 年 5 年全市平均用水量为 41.43 亿 m^3，其中农业用水 22.35 亿 m^3，占 53.9%；工业用水 15.05 亿 m^3，占 36.3%；居民生活与城镇公共用水 3.41 亿 m^3，占 8.2%；环境与生态用水 0.62 亿 m^3，占 1.5%。

摘录《南通市水利志》中 1991 年和 2000 年的农业用水量、工业用水量、城镇公共和居民生活用水量数据，结合《南通市水资源公报》2010 年、2015 年、2018 年农业用水量、工业用水量、城镇公共和居民生活用水量等几个指标进行统计分析，如表 3.3 所示。从表中不难看出，近 10 年随着耕地面积的减少、农业产业结构的调整以及节水灌溉工程的建设，南通市农业用水量较 20 世纪 90 年代呈下降趋势；随着经济社会的发展，工业用水量增长加快，到了近几年，由于企业一系列节水措施的实施，工业用水量有所下降；城镇公共和居民生活用水量变化相对不大。

表 3.3　南通市代表年份用水情况

年份	农业用水量（亿 m^3）	工业用水量（亿 m^3）	城镇公共和居民生活用水量（亿 m^3）
1991 年	27.44	7.85	3.03
2000 年	26.06	10.38	3.23
2010 年	21.33	13.97	2.81
2015 年	22.72	13.93	3.03
2018 年	21.43	10.86	3.99

3.1.4 水资源存在的主要问题

1. 水资源供需矛盾严重

南通市水资源时空分布不均，水量汛期多非汛期少。洪涝年份水资源丰富，但又无法充分利用；干旱年份水资源短缺，若再加上此时长江来水量减少，水资源供需矛盾在一定程度上影响着经济社会、工农业生产的发展。

2. 水污染影响水环境

南通市河网密布，引江排海灵活。据统计局发布的信息，2017 年，南通市规模以上工业企业年外排水百万立方米以上的有 26 家，外排水量合计 1.27 亿 m^3，占全市规模以上工业外排水量的 57.5%。水污染在一定程度上影响着水环境和工农业生产，威胁着居民身体健康，另外，居民生活等污水的排放也在一定程度上影响着水环境。

3. 水资源浪费现象仍存在

农业方面，河网渠系输送水损失严重，水资源利用率偏低；工业方面，企业重复用水率普及面窄，全市有重复用水量的工业企业仅占规模以上工业企业总数的15%左右，大多数企业由于设备投入不足、节水意识较弱等原因重复用水量很少，甚至完全没有。另外，居民节约用水的观念还有待进一步提高，居民生活用水存在一定的浪费现象。

3.1.5 对策与建议

合理利用水资源是自然科学问题和社会问题，我们要“把水资源作为最大的刚性约束”，有效保护和高效开发水资源，强化水资源的管理，开展水资源的优化配置，“以水而定”，促进经济社会“量水而行”。

1. 农业方面

统筹推进南通各县(市、区)中小型灌区节水配套改造、用水计量设施配套安装；通过不断地推广先进的农艺节水技术和节水管理等非工程措施，逐渐提高水的利用效率和效益；巩固提升农村人口供水保障水平，实现农业控制指标。

2. 工业方面

根据南通市水资源特点，合理调整工业布局和工业结构；加大对工业节水的支持力度，促进企业提高水的重复利用，重点抓好纺织、电力、钢铁、化工等高耗水行业的节水技术改造，鼓励工业企业开展节水设备、工艺和技术的科技创新；大力促进循环用水系统、冷凝水回收再利用、废水回用技术和“零排放”等节水技术推广实施，引导有条件的工业企业直接利用中水或污水，不断扩大工业企业重复用水的普及面，提高工业企业用水重复利用率，从根本上转变粗放用水模式。

3. 城镇生活、建筑业和第三产业方面

加强对城市管网改造和节水器具的推广使用；积极推行低影响开发建设模式，建设滞、渗、蓄、用、排相结合的雨水收集利用设施和中水回用设施；加强城市管理水平的提高、政策法规的实施等非工程措施，有效控制用水量的增长。

4. 积极使用非常规水源

非常规水源是常规水源的重要补充，对于缓解水资源供需矛盾，提高区域水资源配置效率和利用效益等方面具有重要作用。非常规水源主要用于城市的市政景观、发电、建筑施工、工业冷却、农业灌溉等方面。随着南通市经济社会的进一步发展，非常规水源的开发利用将起着非常重要的作用。

5. 加大节水宣传教育

积极开展“世界水日”、“中国水周”和节水科普周等宣传活动，推进节水护水志愿行动，推动节水进教材、进校园、进机关、进社区，引领社会形成珍惜水、节约水和爱护水的良好风尚。

3.2 南通市地下水开发利用及保护对策

3.2.1 自然地理与水文地质条件

南通市除狼山、军山、剑山、马鞍山、黄泥山有志留系、泥盆系砂岩出露外，其余地区均被第四系堆积物覆盖。第四系厚度 200～360 m，由西向东逐渐增大，垂直向上多层砂层相互叠置，为区内地下水的形成提供了有利的赋存条件。全区域地下水可分为碳酸盐岩类岩溶裂隙水、基岩裂隙水和松散岩类孔隙水三类。根据含水层埋深、沉积年代、水动力特征等，自上而下可划分为浅层含水系统、中层含水系统(第Ⅰ、第Ⅱ承压含水层)和深层含水系统(第Ⅲ、第Ⅳ承压含水层)。

浅层含水层，埋藏于 50 m 以上，含水层厚度 20～30 m，单井涌水量一般为 10～20 m^3/日，开采量较少；第Ⅰ承压含水层分布广泛，顶板埋深 30～70 m，富水性较好，单井涌水量 2 000～5 000 m^3/日，承压水头埋深 1.0～3.0 m，水质较复杂。第Ⅱ承压含水层分布广泛，顶板埋深 140 m 左右，含水厚度 20～60 m，局部小于 10 m，单井涌水量 300～3 000 m^3/日，承压水位埋深 3～5 m，水质复杂。第Ⅲ承压含水层分布广泛，是南通地区的主要开采层，顶板埋深 187～270 m，含水层厚度 20～100 m，单井涌水量 1 000～3 000 m^3/日，局部小于 1 000 m^3/日。该含水层水质较好，大部分为矿化度小于 1.0 g/L 的淡水，部分地区矿化度为 1.0～3.0 g/L，为微咸水。第Ⅳ承压含水层中，450 m 深度内可见 2～3 个含水砂层，砂层的累计厚度 30～50 m，单井涌水量 1 000～2 000 m^3/日，局部大于 3 000 m^3/日，承压水位埋深为 25～35 m。水质较好，大部分为矿度小于 0.8 g/L 的淡水。

3.2.2 地下水资源概况

根据《南通市水资源调查评价(2017 年)》和《南通市地下水压采方案(2013 年)》，南通全市浅层地下水补给量为 139 651 万 m^3，如表 3.4 所示。根据该区域的实际的入渗补给情况，结合南通市开采情况，确定开采系数为 0.4，南通地区浅层地下水可采资源量为 55 860.4 万 m^3/年。

表 3.4　南通市浅层地下水资源量统计

行政区	地下水资源量(万 m^3)			补给模数(万 m^3/km^2·年)
	降水入渗补给量	地表水体补给量	合　计	
崇川区	2 604	545	3 149	8.97
海安市	15 060	2 427	17 487	15.78
如皋市	20 984	5 466	26 450	17.73
如东县	25 435	6 616	32 051	18.49
通州区	20 334	4 101	24 435	20.96
海门区	13 919	2 623	16 542	17.62
启东市	16 716	2 785	19 501	16.14
合　计	115 052	24 563	139 615	17.45

由表 3.5 可知，第Ⅰ承压地下水资源可采量为 3 494.1 万 m^3/年，第Ⅱ承压地下水资源可采量为 1 557.6 万 m^3/年，第Ⅲ承压地下水资源可采量 11 034 万 m^3/年，第Ⅳ承压含水层总可采量 5 648.3 万 m^3/年，统计得到南通全市深层地下水可采资源量为 21 734.0 万 m^3/年。

表 3.5　南通各县(市、区)地下水可采量

地　区	第Ⅰ承压含水层(10^4 m^3/年)	第Ⅱ承压含水(10^4 m^3/年)	第Ⅲ承压含水层(10^4 m^3/年)	第Ⅳ承压含水层(10^4 m^3/年)
海安市	228.5	211.1	1 865.9	5 648.3
如皋市	357.0	294.4	1 331.9	
如东县	470.4	327.4	2 160.1	
启东市	360.6	210.3	2 403.5	
海门区	492.0	185.2	1 336.6	
南通市区(含崇川区、通州区)	1 585.6	329.2	1 936.0	
合　计	3 494.1	1 557.6	11 034	5 648.3

3.2.3 地下水开发利用情况

1959年，原港闸区的天生港电厂凿建成了第Ⅰ承压水井，这是南通市历史上的第一口井。20世纪80年代至90年代中期，由于经济社会的快速发展，城镇自来水不能满足工业生产需要，地下水开采量猛增。南通市地下水开采主要经历了4个阶段：初始开采阶段、超量开采阶段、控制开采阶段和压采阶段，如表3.6所示。

表3.6 各阶段地下水开采情况

开采阶段	时 间	达到井数(眼)	开采情况
初始开采阶段	1959—1982年	306	开采量不足12万 m^3/日
超量开采阶段	1983—1996年	1 048	1996年开采量达到39.3万 m^3/日
控制开采阶段	1997—2012年	1 519	开采量约为22万 m^3/日
压采阶段	2013—2020年	1 078	2020年开采量1 509.08万 m^3

南通市2016—2020年地下水开采量如表3.7所示。地下水开采层位主要集中在第Ⅲ承压水，其次为第Ⅳ、Ⅰ承压水。此外，地下水开采还包括少量潜水及地热水。截至2020年12月，南通市共有地下水取水井1078眼，其中第Ⅲ承压开采井占总井数的52.6%。

表3.7 南通市2016—2020年地下水开采量统计

年 份	2016年	2017年	2018年	2019年	2020年
井数(眼)	1 082	969	969	1 079	1 078
年开采量(亿 m^3)	1 707.50	1 521.65	1 710.02	1 668.49	1 509.08

3.2.4 地下水水位变化分析

20世纪八九十年代，由于大量或过量开采，第Ⅲ承压水水位逐年降低，超采情况严重的东部沿海地区水位更是降到了30 m以下。随着对地下水开采量的不断控制，特别是近10年来，南通市地下水位不断回升。

1. 第Ⅱ承压地下水水位情况

南通市第Ⅱ承压监测井分布于海安市南莫和仇湖两镇，地下水埋深由2010年的8.0～10.0 m降至2020年的3.0～5.0 m，水位回升了5.0 m左右。

2. 第Ⅲ承压地下水水位情况

第Ⅲ承压是南通市地下水主要开采层。随着地下水井封填工作，全市2020年第Ⅲ承压地下水埋深平均11.98 m，较2010年水位回升约15.65 m。目前，海安、如皋沿江地区、通州西部以及启东中东部地区平均埋深在10 m线以上；启东西部、海门、通州、如东、南通市区北部等大部分地区平均埋深在10～15 m线间；如皋丁堰至如城、海安东部沿海、南通市区东南部局部地区平均埋深在16～17 m线间。全市第Ⅲ承压地下水埋深最深处在市区东南部，最大埋深17.68 m。

3. 第Ⅳ承压地下水水位情况

第Ⅳ承压地下水监测井主要分布于海安、如东、如皋及海门沿江等地。第Ⅳ承压地下水位较2010年回升约20.0 m左右。2020年，全市第Ⅳ承压水埋深最深处位于如东东部沿海地区，平均埋深20.01 m；海安、如皋城区埋深约14.3 m；其他地区埋深在3.0～10.0 m。

4. 原第Ⅲ承压地下水超采区水位动态变化

根据《江苏省地下水超采区划分方案》（江苏省人民政府，2013年7月），南通市划有3个地下水超采区，包括1个大型超采区、1个中型超采区和1个小型超采区。第Ⅲ承压地下水限采水位埋深控制在35 m（沿江一带为30 m），禁采水位埋深控制在49 m。

随着南通市地下水保护措施及引江区域供水工程的实施，全市第Ⅲ承压地下水开采量大幅度减少，水位快速回升。至2020年，原第Ⅲ承压地下水大型超采区水位埋深均在18 m以上、中型超采区水位埋深均在12～14 m、小型超采区水位埋深在12 m左右，均在水位控制红线范围内。

3.2.5　地下水管理存在的问题及保护对策

1. 存在的问题

（1）地下水监测站网有待完善。目前，南通全市约有深层地下水监测井57眼，监测网密度仅为6眼/1 000 km^2。其中33眼为人工监测井，成井时间均为20世纪90年代左右，井的现状普遍老化，其监测手段落后；2017年新建14眼第Ⅲ承压深井，采用自动监测方式，但均布局在第Ⅲ承压开采层，监测覆盖范围无法满足要求。另外，监测井中只有少部分开展常态化水质监测，难以对地下水水质污染情况做全面了解。

（2）地下水水质存在一定污染。根据2022年部分深层地下水水质调查监测成果，除南通市区地下水水质相对较好，总体评价为Ⅲ类水外，其他地区普遍为Ⅳ类至Ⅴ类水，沿海地区受海水入侵影响，氯离子超标严重，水质达到劣Ⅴ类，另外海安市区部分地区地下水出现铁、锰严重超标，水质也为劣Ⅴ类水。

2. 地下水管理保护对策

(1) 严格地下水用水总量和水位控制。深入贯彻《地下水管理条例》(2021 年 12 月)和《南通市地下水管理办法》(2021 年 6 月)，按照《江苏省地下水管控指标确定方案》(2021 年 12 月)，落实地下水取水总量控制和水位控制的“双控”要求；按照地下水利用与保护相关规划，明确各管理分区、各主采层的最大埋深，进一步明确地下水开发利用、管理保护和综合治理指标和举措。

(2) 加强地下水监测站网建设完善。加快完善地下水监测站网，按照 2025 年末超采区地下水监测井数目达到 10 眼/1 000 km^2；超采区地下水监测井将达到 24 眼/1 000 km^2 的监测密度布置，大范围增设地下水水位、水质自动采集设备，提高地下水监测手段，实现地下水动态、实时监测，全面掌握地下水水位水质信息。

(3) 加大地下水取用水计量。2025 年，全市实现年取用水量 1 万 m^3 以上的城镇和工业地下水取用水户的取用水计量率、年取用水量 10 万 m^3 以上的城镇和工业地下水取用水户的取用水在线计量率达到 100%，全市超采区年取用水量 1 万 m^3 以上的城镇和工业地下水取用水户的取用水在线计量率达到 95%，开展农村自用水取水户调查管理。

(4) 开展地下水取水工程登记造册。按照《江苏省地下水取水工程登记造册工作方案》要求，启动地下水取水工程登记造册，针对各类机电取水井[含地热(温泉)水井、矿泉水井等各类取水井]、地下水源热泵系统取水(回灌)井，以及监测井和勘探井等，登记取水单位(产权单位)基本情况、工程基本信息、取(排)水情况信息和工程管理情况等信息，着力提升水资源集约节约利用水平，促进地下水资源的可持续利用和有效保护。

(5) 加大地下水水质保护。调查已有的和潜在的各种地下水污染源的种类、数量、时间和空间分布，调查不同污染源的污染特征，将污染源按类型和污染特征分类；评估地下水污染风险，并制定有针对性的污染控制措施。

参考文献

[1] 南通市水利志编纂委员会. 南通市水利志(1991—2015)[M]. 北京：方志出版社，2018.

[2] 单卫华. 江苏南通市地下水主采层水位动态区域演变特征[J]. 江苏地质，2007，31(3)：276-280.

[3] 田立，钱宇红. 南通市地下水开采现状及开发利用研究[J]. 地下水，2008，30(3)：66-68.
[4] 陈亚楠，李菁，倪江河. 南通市地下水资源开采现状与地质环境问题[J]. 山西建筑，2018，44(22)：210-212.
[5] 王琦，马青山，骆祖江. 南通市深层地下水咸化成因探究[J]. 中国煤炭地质，2017，29(11)：41-45.
[6] 周慧芳，谭红兵，张文杰. 南通地区地下水循环与水化学时空变化规律研究[J]. 人民长江，2014，45(23):103-108.

第4章

水利史研究

4.1 张謇为《欧美水利调查录》作序

《欧美水利调查录》为著名水利专家宋希尚所著，于1924年2月出版，近代先贤张謇(1853—1926)为其写序。

宋希尚(1896—1982)，字达庵，浙江嵊县(今嵊州市)城关镇人。1917年，22岁的宋希尚从张謇创办的南京河海工程专门学校毕业后，来到南通保坍会见习。他勤奋踏实，与荷兰水利专家亨利克·特莱克(1890—1919)相处融洽，协助特莱克翻译了明代《河防一览》等古版水利书籍。后来他又监造狼山南边的小洋港闸，这是其第一次独当一面的工作，“一石一木，必亲自过目，绝不借手於人”。特莱克在遥望港闸建设工程中突染霍乱而身亡，之后宋希尚毅然担起建造重任。

大闸顺利完工，张謇对宋希尚倍加赞许，并单独约见，再次勉励：“两县官绅、地方父老，以汝在此荒僻海隅辛苦二年之久，为表达感谢之意，托余致赠银元二千，聊表酬劳。”宋希尚非常感动，说：“我在保坍会已支有月薪，任劳乃分内事，况有此机会磨炼，在工程上得到不少经验，深感满足，何敢再受额外之酬，但愿将来有机会赴美深造，并考察水利，充实自己，於愿足矣！”张謇听了，非常满意，于是在建好海门青龙港船闸和轻便铁路后，即以运河工程局(张謇时任该局督办)的名义派宋希尚去美国深造。

晚清之际，半殖民地半封建社会的中国，水利事业在曲折中艰难行进，治水理念逐渐走向科学化。治水从“针对性治理”改为“预防治理”，各种水坝、水闸、水堤等相继建设；逐步采用先进的水利设施，1900年建立吴淞零点高程系，1902年黄河山东防汛工作开始用电报报汛；开始重视水利基础教育，1904年《奏定大学堂章程》规定，大学堂内设农科、工科等。

1874年，年仅22岁的张謇目睹淮河水灾，萌生导淮之志。他从冯道立的《淮扬水利图说》、丁显的《请复淮水故道图说》、潘季驯的《河防一览》及靳辅的《治河方略》等水利著作中，进一步了解淮河的历史和现状，增强了治水决心。在“西学东渐”的时代，他采纳历年导淮论点，兼听荷兰贝龙猛，美国詹美生、赛伯尔、费礼门等外国专家的看法，查勘淮河流域，测量淮沂沭泗的高程地形，在淮河重要控制节点设立水文站，提出了淮水“三分入江、七分入海”的思路。他深入调查研究，倡导应用新技术，重视培养水利科技人才。张謇于 1909 年设江淮水利公司，1911 年设江淮水利测量局，1915 年创办河海工程专门学校。正是基于张謇的这种广收博采、科学创新的文化自觉，当宋希尚跟他说“但愿将来有机会赴美深造，并考察水利，充实自己”时，张謇非常满意，并促成此事。

1921 年 1 月 16 日，宋希尚于上海虹口太平路码头启程，2 月 8 日抵达美国旧金山。宋希尚在美国专研水利，读书 1 年，又实习半年，调查美国河海、筑港、市政、道路等工程。

1922 年 10 月 7 日，宋希尚由美国纽约出发赴欧洲，线路图如图 4.1 所示，考察德国、荷兰、法国等国家的水利工程，同年 12 月 31 日回国。

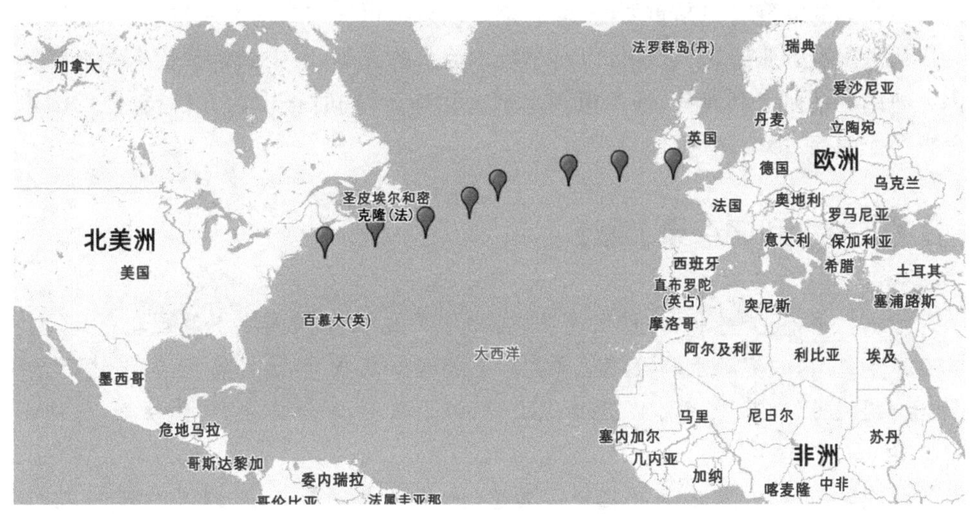

图 4.1　宋希尚由美国赴欧洲线路图

宋希尚的《欧美水利调查录》由 5 篇内容组成，详细记载了美国、德国、法国、荷兰等国河流治理、水闸建设、商埠、垦务及灌溉等情况，另外还详细记录了宋希尚的环游历程。全书 300 余页，文字内容通俗易懂，水利数据翔实、图表俱全。

宋希尚在书中多次提到中国的水利情况，流露出强烈的爱国主义情感。正是由于宋希尚抱有这样的爱国信念，牢记着张謇对他的嘱托，刻苦勤勉，认真考察，善于总结，终于成为一名融汇中西方治水经验的水利专才。

回国后，宋希尚凭借着坚实的学识基础，活学活用，将南通保坍会建造的水楗与美国密西西比河的水楗进行了比较，对材料使用、施工过程等进行了认真的分析，从而对南通的水楗进行了优化。

1923 年 10 月，张謇为《欧美水利调查录》写序，全文约 600 字。序言主要有以下几个方面：

一是张謇自己学水利的经过："謇年二十许，究心水利，经若《禹贡》，史若河渠之书、沟洫之志、专家纂述，远若桑《经》郦《注》，近若潘、靳、丁、冯诸家之说，按之舆图，稽诸方志，钩往抉来，往往而有得焉。"

二是张謇在水利方面做的一些事情："附设测绘班於通之师范学校，而又议建河海工程学校於江宁"，"謇昔之言导淮也，近之言治运河与治扬子江也"。

三是介绍了宋希尚调查录成书背景，肯定了宋希尚的勤奋。

四是强调了治水时我国的"经验"和西方的"理"都重要，不能顾别人的"理"而失了自己的"经验"。张謇认为西方"虽然其法超於我矣，其学能概我乎？未可知也"；而我们的"经验"也是重要的学问，是可以总结得失与事情发展过程与规律的。

状元出身的张謇，是近现代以科学技术治水的先驱，对中国近现代水利贡献极大。他用心钻研水利典籍，推崇祖国水利文化遗产，同时正视西方科技，他的治水思想融汇中西、影响深远。

附：《欧美水利调查录·叙》

治水之书，莫先於我国，水之汲汲[①]待治而不及治者，亦莫甚於我国之今日。

謇年二十许，究心水利，经若《禹贡》，史若河渠之书、沟洫之志、专家纂述，远若桑《经》郦《注》，近若潘、靳、丁、冯诸家之说，按之舆图，稽诸方志，钩往抉来，往往而有得焉。

顾我国图籍，言水之源与其经及其竟，非不详也。若言治，则不尽晰其法也。於是本徐氏《农政全书》《泰西水法》之意思，更采其新法以辅益之，乃附设测绘班於通之师范学校，而又议建河海工程学校於江宁，回首匆匆[②]，垂二十年矣。謇昔之言导淮也，近之言治运河与治扬子江也，靡不本旧说而参新法焉。

宋生希尚，既从学河海工程学校，为余任工程得当。去岁嘱往欧美调查水利，纪所闻见，附以图说，都为一卷。归而质诸余，且请为叙。夫斯《录》也，能详彼之学与法乎？而生纪述之勤，有可尚也。而彼之学可为我学，彼之法可为我法，生殆知之；虽然，其法超於我矣，其学能概我乎？未可知也。

观於泰西工程师之来游者，既不知研经撢[③]史，而其购致图志，则亦累累盈筐，是犹生之适彼邦，谘诹[④]而考察也。

生言，我国治水，多由经验，西国治水，一准学理。学理何自乎？自乎已往之事之得失、之进退，则经验又何莫而非学耶？若夫骛彼而馁己，固己而蔽彼，均之失也，宁足与语兹事哉？

书以广生，并以告治斯学之君子。

民国十二年十月
张謇

文中注释：

① 汲汲：形容心情急切，努力追求；热衷。

② 勿勿：匆匆，匆忙。

③ 撢：dǎn，同“掸”。tàn，同“探”，文中是“探寻、探求”之意。

④ 谘诹：zī zōu，征询，访问；商量；鸟叫声，出自《金石萃编·汉郃阳令曹全碑》。

（编者按：本书作者热衷于水利史研究，将原繁体字版本的《欧美水利调查录·叙》转化为此处的简体字版本，并在理解原文的基础上断句、添加合适的标点符号、对重要的字词加以注释，以便读者更好地阅读。）

4.2 浙籍水利专家宋希尚在南通的主要水利事迹

水利专家宋希尚的水利生涯起步于江苏南通。从张謇创办的南京河海工程专门学校毕业后，宋希尚来到南通保坍会见习，先是协助荷兰水利专家特莱克翻译古籍，参与工程设计、施工与管理，后独自承担重任，设计建造小型工程。其后他又赴美留学，考察水利，并撰写《欧美水利调查录》一书；回国后，他放弃南京的优厚待遇，复归南通，设计了“树楗”之法用于江岸保坍，收到了很好效果。

4.2.1 开启水利人生

宋希尚为著名水利专家，被称为“今世之大禹”。1917—1928 年，除了出国留学和考察外，宋希尚在南通工作 8 年有余，为南通的水利事业做出了突出贡献，他称南通是自己的“第二故乡”。

宋希尚的水利生涯是从南通开始的。清光绪三十三年(1907 年)以后，长江主流冲顶南通江岸，东起姚港，西至天生港，沿江 10 多千米江岸，开始发生较大面积坍塌。张謇针对南通滨江临海的特点，确定首先要集中力量保坍护岸，这样才能保护好人民的财产安全。清光绪三十四年(1908 年)正月，通州江岸坍塌日益严重，张謇邀请了国内外水利专家多次到通州勘察水情。1911 年 4 月，张謇成立通州保坍会，主持长江护堤计划。1912 年 2 月，通州保坍会因战事无法继续工作。面对日趋严重的江岸问题，张謇于当年 4 月重新组建保坍会，张謇任会长。1914 年，张謇邀请了多国水利专家商讨南通沿江保坍方案。1916 年，南通保坍会为建造沿江水楗聘请荷兰水利专家特莱克为驻会工程师，负责整个筑楗工程。

1917 年，22 岁的宋希尚顺利从张謇创办的南京河海工程专门学校毕业，来到南通保坍会见习，由此开启了他在南通的水利人生。

4.2.2 协助荷兰水利专家特莱克

亨利克·特莱克出生于日本，祖籍荷兰，是著名水利专家奈格之子。自荷兰水利工程专门学校毕业后，他随父来中国江苏南通从事水利工作。宋希尚在南通保坍会见习期间是特莱克的助手。

南通小洋港位于狼山南边，受到长江潮水的倒灌及潮落后缺水灌溉的影响，狼山周围的农田常年歉收。张謇计划在小洋港建设蓄水御潮水闸，由特莱克设计，宋希尚驻地监造。

“一石一木，必亲自过目，绝不借手於人。”由于小洋港闸建造在江边，土质松软，因此，对打入闸基木桩的直径、长度、排数、打入泥土的深度等要求十分严格。宋希尚对于偶尔出现的偷工减料现象都要查得明明白白。监造小洋港闸历时 10 个月，宋希尚住在狼山三元宫里，跟和尚同吃同住，毫无怨言。小洋港闸建成于 1917 年，只有 1 孔，孔宽 3.1 m，后塌入江中。现在的小洋港闸是 2019 年 1 月建成的，新闸址距江边约 120 m，闸净宽 6 m，泵站引水、排涝设计流量 8 m^3/s，有效提升了南通五山片区防洪排涝能力，确保了该区域防洪安全。

遥望港是如东县与通州区入海口的一条天然界河，港面比较宽阔，距海较近，上游与九圩港相连。由于遥望港地势西高东低，雨季时有洪涝灾害发生，使农田颗粒无收。张謇于 1916 年提议建造遥望港闸。根据遥望港的水流量，必须建一个九孔大闸，才可以宣泄其流量。为了方便通航，港闸中孔还要建造活动桥梁，这在当时算比较大的工程了。工程由特莱克主持，宋希尚协助。宋希尚参与了图样设计、施工规范制定以及闸址的测量等工作。工程于 1918 年 11 月开工，宋希尚具体负责工地诸多事宜。特莱克在筑闸工程中突染霍乱而身亡后，宋希尚受通、如两县水利会重托，毅然担起建造重任。遥望港九孔大闸终于在 1919 年 12 月完工，如图 4.2 所示，中间 1 孔宽 5 m，总净宽度为 35.5 m，泄洪量 120 m^3/s。

图 4.2　1919 年建设的遥望港九门闸

遥望港闸地处荒凉，周围数十里找不到一草一木，工作非常艰苦。他与工人们真诚交流，达成共识，约法三章，制定了《遥望闸守闸规则》。竣工典礼上，张謇对宋希尚备加赞许。

遥望港闸建成后，宋希尚驻守在海门青龙港。为了青龙港附近海门三厂运纱方便，需在水上建闸，路上修路。2 项工程几乎同时进行，三厂至青龙港口 7～8 km。宋希尚带人测量设计、购买材料、督工建造，于 1920 年完成了青龙港会英船闸与青（青龙港）三（三厂）5.5 km 轻便铁路建设工程。

4.2.3　出国深造并撰写《欧美水利调查录》

1921 年，爱才惜才且更善于育才用才的张謇以运河工程局名义，斥私资千金资助宋希尚赴美留学，考察水利。1 月 16 日，宋希尚从上海虹口太平路码头启程，2 月 8 日抵达美国旧金山，先入麻省理工学院攻读，后随美国土木工程师学会会长费礼门博士学习，又入布朗大学深造。1922 年夏，宋希尚获工学硕士学位，暑期到康奈尔大学学习，阅读欧洲水利工程各种报告；9 月 19 日，他离开康奈尔大学去纽约，沿途参观纽约运河、汉德森河，到纽约后参观港埠市政及汉德森河的地下道工程。秋冬之际，他又游历德国、荷兰、法国等国，考察水利，同时撰写了《欧美水利调查录》；12 月 31 日，宋希尚归国，于 1923 年 2 月 4 日抵达上海。1923 年 10 月，张謇为宋希尚的《欧美水利调查录》作序，宋希尚作自序。1924 年 4 月《欧美水利调查录》正式出版。

4.2.4 复归南通设计“树楗”之法

1923 年 3 月，回国后的宋希尚任吴淞商埠局建筑科长。1925 年，应张謇之邀，宋希尚毅然抛开如景的前程和优渥的待遇，再次回到南通，担任保坍会经理。为确保保坍效果，他决定尝试“树楗”之法。

他认真调查了长江狼山附近上下游情况，将美国密苏里河树楗的方法与南通实际相结合，设计出了一套新的“树楗”方案。从江边采集高 20 m 以上的大树，在树的根部各凿一个 10 cm 大小的圆孔，用粗铅绳将圆孔串合，每串大树数十棵，分上下 2 层抛沉水底，平埋于坍岸之下，并使之与水流成垂直方向，以抵御潮水的冲击。为了防止每棵大树被浪冲刷晃动，又采用特别设计的巨大三合土“锚”系于树楗的铅绳之上，分别填埋于树楗的前后和上下游，再以特制的三合土大“桩”横埋地下拉直，使树楗不能有所浮动，最后堆砌巨石使之高出水面。这样设计，可以利用树叶的弹性在水中摇曳，以加速泥沙的沉淀；树楗上的堆石，可以分散水力，并保护江岸的下陷。将“树楗”之法用于江岸保坍，收到了很好的效果，同时大大降低了工程成本。当然，保坍的过程也不是一帆风顺的，第 17 楗曾沉陷过。宋希尚等人就沉陷问题仔细进行了调查研究，并撰写了《保坍会第十七楗沉陷报告》。已建成的防坍水楗如图 4.3 所示。到 1927 年，南通沿江共筑楗 18 座，有效地保障了南通的防洪安全。

图 4.3 已建成的防坍水楗

1928 年 6—12 月，33 岁的宋希尚担任南通沙田分局局长，1928 年 12 月至 1935 年，宋希尚在扬子江水道整理委员会任职。1932 年 9 月，狼山一带沙土淤积，江水增高，有溃堤的危险，宋希尚曾参与海道测量局组织的会议，商议保坍护堤的实施办法。1934 年 8 月，宋希尚回南通，沿江勘察海门、如皋坍势。

4.3 青龙港船闸百年回眸

1919 年，近代先贤张謇创办的大生三厂出资 4 万余两白银，在南通市海门区青龙河的入江口修建了青龙港船闸，位置如图 4.4 所示，原名“会英船闸”。船闸由荷兰水利专家特莱克设计、我国著名水利专家宋希尚主持施工，于 1920 年建成。闸分 3 孔，中孔净宽 6 m，两边孔各宽 1.5 m。闸室长 108 m，在当时属先进、新型的船闸，主要功能是通航、防汛排涝。

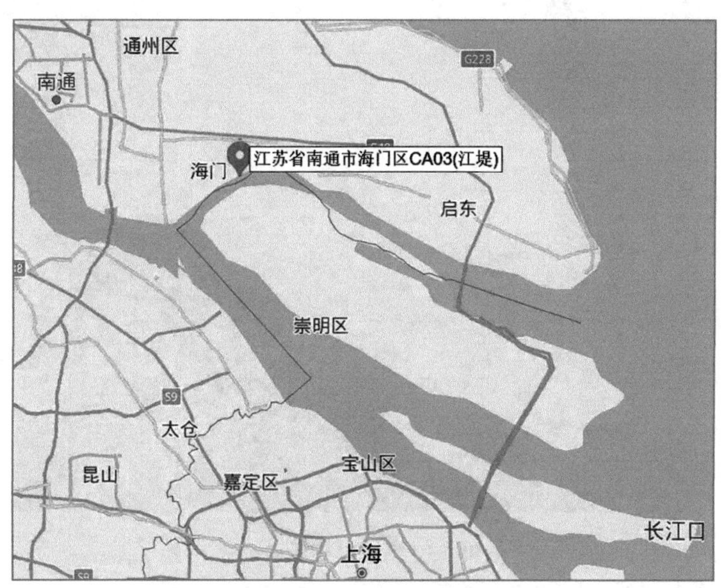

图 4.4 青龙港船闸地理位置图

闸以内的青龙河，形成于清代，原本是海门沙地复涨时形成的天然河道，北段原称川洪河。1920—1930 年，局部地段进行疏浚。1936 年河全长 12.25 km。中华人民共和国成立后，河北起老运河(运盐河)南侧的四杨坝，南至长江边。1952—1985 年，河分段疏浚 4 次，完成土方约 200 万 km^3。1992 年，疏浚四杨坝至通启运河段，完成土方约 20 万 km^3。

4.3.1 青龙港建闸缘起

1901年，张謇创建大达内河轮船公司，购置轮船，开辟航线，发展长江两岸航运事业。从此，青龙港成了大达内河轮船公司的一个重要码头。大生轮船是第一艘靠上青龙港码头的轮船。张謇曾作诗《青龙港》，描写青龙港的地理位置和沧桑变化，“自昔传闻海角经，东方七宿地通灵。沧桑百折开形胜，竹树千家接杳冥。酒旆霜中低落月，渔镫风外乱疏星。只今村落荒寒甚，弦诵宵来尚可听。”以后的一个世纪，青龙港融入内河航运的大动脉，先后开辟了10条航线，包括5条长江航线和5条内河航线。时至20世纪末，长江下游建设了多座跨江大桥，江上航行渐渐被替代，1999年青龙港码头停止运行。青龙港码头旧址如图4.5所示。

图4.5　青龙港码头旧址

在青龙港建设轮船码头的同时期，张謇规划建设青龙港船闸。青龙港船闸是青龙河疏浚升级的重点配套工程，在以水上运输为主的年代里，有力地促进了苏北广大地区和苏南以及长江中上游两岸的文化交流与经济合作。

4.3.2 青龙港闸选址和青龙港保坍

江苏省南通市位于江海交汇处，最早成陆的地方是位于扬泰古沙嘴最东端的海安、如皋一带。从公元5世纪到20世纪初，通过4次大规模的沙洲连陆，扶海洲(今如东县地)、胡逗洲(今南通市区和附近一带)、南布洲(今通州区金沙等地)、东布洲(今海门、启东中北部)等古沙洲先后与大陆连接。在陆地不断接连的同时，由于长江水势的影响，部分区域地块在不断地消长。明清之际，长江侵蚀通州陆地，古海门县坍没，之后又从长江口陆续涨出二三十个沙洲。18世纪中叶后，先后涨出了10多个沙洲(崇明外沙)，这些沙洲并入北岸后，长江北支北岸近代岸线基本形成。长江口南、北支的形成与长江主流走向的变化有很大关系。张謇充分考虑到长江北岸岸线的不稳定性，选定青龙港闸址距离长江边2.6 km。

1940年，北支海潮作用增强，水头直指北岸，青龙港一带开始迎溜顶冲。1949年，长江深泓由崇明西沿流入北支，涨落潮流路合二为一，造成青龙港附近江岸大坍。1940—1954年，共坍岸2.05 km。而崇明北沿不断向北延伸，1954年芦苇滩外沿距老岸已达6 km，基本上为原青龙港江岸线。同时江面缩狭为1915年的34.2%(1915年江面宽6 km，1954年江面宽2.05 km)，深泓道近青龙港，最深点达−24 m(吴淞基面)。

1953年8月，海门县政府向江苏省政府汇报青龙港塌势，并报国务院和水利部。周恩来总理得知后，指示水利部："根据海门县青龙港目前坍江情况，可在水利部批办投资额权力范围内，先行试验性设计施工。"同年底，水利部拨款，试办保护青龙港的护岸工程。护岸工程于1954—1956年实施，由专门成立的长江下游工程局青龙港护岸工程指挥所负责工程施工，工程分5期进行，共完成护岸1 045 m，使用经费141.82万元。护岸工程困难重重，特别是在第1期工程中，1954年4月23日，长江江面刮起5级东南风，在4.53 m水位高潮影响下，一夜间岸坎猛坍20～40 m，已沉入江的7块柴排脱离江岸有20 m，后经海门县水利科提出"沉排与抛石护岸相衔接"的施工办法，对已冲离江岸的7块柴排，在排岸之间采用抛石衔接，终于获得了成功。以后的很多年，在沉排护岸的同时，进行块石护岸。每期工程施工结束后，都派人认真观察工程的稳固情况和两端坍蚀情况。这样，青龙港闸才得以安全运行。

4.3.3 青龙港船闸为首座新型船闸

1824年，英国生产出了近代波特兰水泥，又称硅酸盐水泥，在工程中被广泛应用。20世纪初，张謇引进外国专家和新技术，从1916年开始，在南通兴建了利民闸、遥望港九门闸、青龙港船闸(会英船闸)等42座混凝土或钢筋混凝土闸，其中青龙港船闸(会英船闸)是首座新型船闸，为叠梁式木闸门，绞关启闭。青龙港老闸空中俯视图如图4.6所示。

图 4.6　青龙港老闸

青龙港闸历经数次修理。1957 年 4 月，国家投资 6.65 万元，改闸室为鱼肚式浆砌块石，闸门改为手摇车启闭，改名为“青龙港船闸”。1964 年，闸门改为电动行车启闭。1975 年 2 月，国家又投资 54 万元大规模改建。上闸首移至港区公路中心，上下闸首均采用浆砌块石及钢筋混凝土混合结构，单孔净宽 8 m，闸室为浆砌石结构，下部为斜坡式，上部为直立式，闸室全长 170 m，闸门采用钢筋混凝土三角门，油压启闭，电控操作，最高通航水位 4.0 m，最低通航水位 2.8 m，可通过 150 t 级船舶。1980 年 11 月，上闸首顶部架设 1 座横拉式钢桁架电动开启桥，荷载汽车 10 t，桥面净宽 3.8 m。过船时将桥拉开，平时桥伸出连接闸口两岸，行人和车辆可通过。1985 年，为满足排涝要求，新增下闸首钢筋混凝土消力池、浆砌块石海漫及防冲槽、闸室增设导航设施等；闸门改为铸铁直升门，上闸首闸门改为钢质三角门；运转件均改用标准化通用件，改造工程同年 5 月竣工。1998 年国家对闸、阀门进行改造，更换部件；进行电动桥改造、闸室清淤及护坡修复。后来，船闸改造成水闸，只负责放水，不再放船。

2021 年，海门区委、区政府结合省、市关于沿江生态景观带建设要求，研究决定在青龙港综合整治工程中实施青龙港闸拆除重建工程，在原址拆除老闸，新建单孔节制闸。

现在一座崭新的青龙港闸矗立在青龙河口，如图 4.7 所示。青龙港船闸改建成水闸，闸孔净宽 8.0 m，设计排涝流量为 85.4 m^3/s，挡潮标准按 100 年一遇高潮位设计。作为海门构建现代水网、加强区域治水的重要节点工程之一，新的青龙港闸投入运行后，有力地加大了通启西片活水畅流力度，有效缓解了海门城区防洪压力，降低了城区以东片区涝灾风险。同时水闸的设计呈现欧式风格，理念上蕴含了中西文化内涵，再现了张謇当年“中体西用”的建筑风格，与青龙港大生轮船公司历史遗迹以及张謇、特莱克石像融为一体(如图 4.8 所示)，成为海门沿江生态景观带又一亮丽景点。

图 4.7　青龙港新闸

图 4.8　青龙港闸区张謇、特莱克石像

4.4 《长江通考》主要内容

4.4.1 编著背景

长江是我国第一大河，发源于青海，曲折东流，干流先后流经青海、四川、西藏、云南、重庆、湖北、湖南、江西、安徽、江苏、上海共 11 个省、自治区和直辖市，最后注入东海。长江流域气候温和、土地肥沃、物产丰富。宋希尚在《长江通考》自序中讲道："四千年来，长江历史、长江灾患、长江治理及历代名人言论，散见于史籍经传者甚多，但迄未有综合性之著述。"他于 1928—1935 年，任职于扬子江水道整理委员会，主持工务处工作多年，参加了长江下游整理计划、中游湖北金水整理计划及上游三峡水电初步勘测等工作，自认为"对长江粗有认识"，故将所收集到的长江资料、古今治江言论，以及应努力解决的长江若干水利问题汇编成册，作为《黄河通考》的姊妹作。

4.4.2 《长江通考》主要内容

《长江通考》是宋希尚众多著作中的一本，著名书法家于右任为之封面题字，如图 4.9 所示。书共有 6 章内容，另有附图、附表若干，内容全面、丰富，数据翔实。

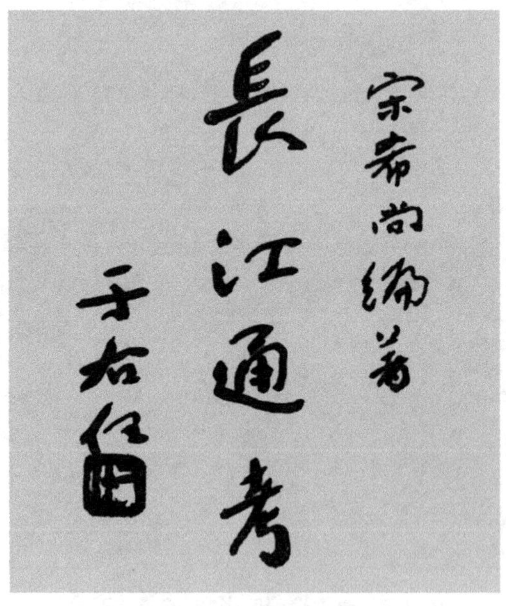

图 4.9 《长江通考》封面题字

第一章介绍了江流变迁与变化、省县辖区以及沙洲位置、长江的地质与资源，分三节内容。第一节，江流变迁从公元前2148年的大禹遗迹开始讲起，从《尚书·禹贡》、汉应劭、晋郭璞的言论考证长江的变迁。长江水系部分则分别介绍了“江源与金沙江”“宜宾至重庆段”“上游重庆至宜昌段”“中游宜昌至汉口段”“下游汉口至吴淞段”5段，重点讲述每段的重要河流，包括河流的长度、流域面积、坡降等重要指标，特别介绍了洞庭湖水系和鄱阳湖水系。第二节列举了长江流域涉及的云南、四川等7省的沙洲位置和面积，指出长江流域从1922年开始观测含沙量。第三节介绍了长江的地理、地质和资源，详细列出了长江主要支流的流域面积、主要湖泊的面积；历次地质调查的时间和长江地质的构成、地文史（叙述流域内各部分在各时代的地动现象，按照时代的先后顺序，分别论述了古生界、中生界、新生界等地文情况）、耕地与人口；长江流域的资源部分，介绍了农产品、矿产、森林。

第二章介绍了历代江患，重点分析了江患的原因。第一节，介绍民国以前的江患。从汉朝以来的2 300多年中，大小灾害约有200余次，其中清同治九年（1870年）和1931年的最为严重。书中详细列举了88场洪灾发生的时间、灾害原因和受灾情况。第二节，介绍了民国以来的江患。重点分析了1931年、1935年长江流域各地受灾情况，统计了受灾面积、受灾的家庭数、死亡人数等。第三节，着重分析了江患原因，文章具体分析了洞庭湖、汉江、鄱阳湖等水患问题。

第三章汇编了历代治江方面的言论和近代治江建议；历代治江言论，包括王柏心的治江三议、筑堤与决堤、江汉关系、江汉疏导、湖渚开垦、东南水利、江南疏浚；近代治江建议，包括张謇的治江意见（“治江三说”）、李仪祉论治江、洞庭湖与湖田、太湖水利和宋希尚论长江水利。宋希尚谈到两方面的问题：一是防洪方面的；二是水电方面的，包括坝厂的地点、水电计划和水电发展后的利益。

第四章介绍了长江与地方的利害关系。主要介绍了四川、湖北、湖南、江西、安徽、江苏各省涉江各县（市、区）的水利情况。

第五章介绍了近代长江工程方面的情况，包括测量、计划、实施、堤工（堤防）、治江情况。测量方面，书中指出我国的水文测量开始于清同治七年（1868年），主要是长江港口水位记录，然后渐渐扩展到沿江重要地点水位和雨量观测。《长江流域内水文测验统计表》包括各代表站点名称、雨量、蒸发量、水位、流量、含沙量等资料。《长江流域内水准测量统计表》包括水系，测线，施测年月、长度、精密度等要素。测线包括长江干流4条测线、洞庭湖3条测线以及岷江、嘉陵江、鄱阳湖、太湖各1条测线。水道测量方面的《长江流域内水道测量统计表》，包括名称、施测区域、施测年月、施测成绩等要素，包括18个水道测量项目。计划方面，统计了已完成的太湖流域水利初步整理计划、镇江水道整理计划等 13 项。实施方面，介绍了吴淞江虞姬墩裁弯取直、白茆河节制闸、华阳河泄水闸及拦河坝、黄浦江、金水整理多个项目的基本情况和费用情况。堤工(堤防)方面，1931 年长江洪水时，统计了修筑长江堤防 1 832 km，赣江沿岸 340 km，共计完成土方约 7 700 万 m^3，容纳灾工 61 万余人；重点介绍了 1935 年洪水泛滥时湘、赣、皖、苏等省境内的修防工程和江汉干支堤的修防等。治江方面，主要介绍了中华人民共和国成立后对汉江和荆江实施的分洪工程。

第六章的"今后沿江研讨"主要介绍了长江上游水电计划、长江下游整理计划、流域内航道计划和多目标水库初步勘查情况。长江上游水电计划方面，介绍了水电计划的缘起、萨凡奇博士报告内容、实地勘查(包括地质调查及勘探、坝址水库测量、经济调查、水文资料及其他、综合研究与设计规划)，分析了工程完成后预期的收获。长江下游整理计划方面，分析了整理工作的必要性，对整理方法进行了详细说明，包括标准楗工的设计(低水位以下部分楗工、低水位以上部分楗工)、标准坝工的设计、标准护岸工程的设计、钢丝网储石篓的设计，统计了整理材料等，从免除水患、增益土地、便利航行、减轻运费等方面总结了整理以后的效果。流域内航道计划方面，整理了《长江水系航线表》和《长江水系海港及内河港表》。流域内多目标水库初步勘查方面，整理了《长江水力初步查勘一览表》《长江流域内多目标水库地点概况表》。另外《长江通考》中的附图包括长江流域全图、下游沙洲地位图和标准楗工及护岸设计图等 15 张图。附表包括《全流域内支河名称位置及入江地点表》《长江南北两岸省、县名称地点表》《长江沙洲名称地段面积表》等 28 张表。

4.4.3 《长江通考》编著特点

(1) 在"江患"和"治江言论"方面，宋希尚精心梳理了历代江患和治江方面的言论，便于后人翻阅参考；总结"江患"发生的规律，比较治江方案的优劣，以便更好地治理长江。

宋希尚认为长江水患的原因主要在中下游。宋希尚在书中指出："上游水道，居建瓴之势，挟持在岩层峡谷中，故有水力可以利用而无决堤漫溢而言。从宜昌到吴淞口出海，江流在冲积层的平壤里，坡度松缓，沙洲棋布，江床宽窄不一，变动无常，仅恃土堤束水，危险可虞。又加沿江两岸，大支流与大湖泊不断地萦汇集网联，灌注顶阻，如洞庭湖、汉江、鄱阳湖等。凡在此种交流汇合之处，流量消涨，如果不能协调，就是水患发生最严重的地区，亦即长江病源之所在。"

在长江防洪问题方面，宋希尚认为那时候最根本的方法是在长江两岸修筑稳固的堤防，堤防的高度必须超过各代表断面历史最高水位。“历年以来，武汉受灾严重，故此处当为治标工作之出发点。”

(2) 书中谈到的长江工程方面的情况、长江上游水电计划、长江下游整理计划等均建立在大量翔实的水文数据基础上。随着西方治水思想的传入，民国时期的水利专家已渐渐懂得需依靠大量的水文数据对水利工程进行可行性分析，才能更好地体现水利设计的科学性。宋希尚在扬子江水道整理委员会任职期间，亲自审查选录扬子江测量工程人员，积极扩充测量队，安排人员工作地点，添置仪器，租派轮船等，足见他对测量工作的重视。长江干流及各水系的水准一律以吴淞海平面为基面。书中汇编了大量表格，如《水文测验统计表》《水准测量统计表》《水道测量统计表》等，数据不仅仅涉及雨量、蒸发等水文数据，更有项目整理的详细情况和费用情况等。这部分资料涉及区域广，对于研究长江水利的历史发展规律都有极其重要的参考价值。

(3) 宋希尚充分考虑水利工程的建设与社会经济发展之间的联系，这一点在长江上游水电计划制订时有充分的体现。作为长江上游水电计划重要的参与者，宋希尚在此书中将水电计划有关内容进行了详细的汇编，除了介绍水电计划的起因、实地查勘的结果等，还详细论述了“工程完成后预期的收获”。如工业方面，三峡水库计划完成以后，供电范围可达半径 1 000 km 的面积，可以促进我国国防重工业和民生轻工业的发展。另外，宋希尚还谈到水利工程在灌溉、防洪、航运、燃料消耗、旅游等方面的益处，将水利工程的建设放入大的社会经济发展视野中统筹考虑，充分体现了计划制定者的运筹帷幄、高瞻远瞩。

4.5　李方膺与《山东水利管窥略》

李方膺(1695—1755)，字虬仲，号晴江，南通人。南通市崇川区寺街现存李方膺故居——梅花楼。在人们的印象中，李方膺主要是一个著名的书画家，名列“扬州八怪”；同时他又是一位好官，刚正不阿、廉洁爱民，山东乐安人奉其入名宦祠。袁枚曾总结李方膺的宦海生涯说：“晴江仕三十年，卒以不能事太守得罪。初劾擅动官谷，再劾违例请粜，再劾阻挠开垦，终劾以赃，皆太守有意督过之。”做官与画画，正合他青年时期的梦想——“奋志为官，努力作画”。令人想不到的是，作为地方官的李方膺，还有另外一个身份——水利专家。他撰写的《山东水利管窥略》4 卷，被收入《续修四库全书》中，是其任兰山县令时奉檄亲勘小清河之后的精心之作。

清朝时期，中国封建社会的发展到了巅峰状态，农业经济进一步体现了其在封建社会中的主导地位，而水利事业的发展对农业的发展起到了至关重要的作用。治水思想方面，传统观念与新兴思想相结合。一方面，统治者利用老百姓对水资源依赖而臆造出的鬼神崇拜思想，引导他们热爱水资源、爱护和建设水利工程；另一方面，清朝的治水思想又开始向着科学性发展。在治理水患的时候，他们用“预防治理”替代了原来的“针对性治理”；还意识到了治水和环境保护之间的关系，认为水利可以改善气候，如果不对水资源进行保护的话，还可能会损害气候。治水政策方面，清政府几乎对所有国家层面的法律文书都有关于治水方面的详细的法律规定，为了加强对涉水事务的有效管理，不断建章立制，逐渐形成了一套较为完备的水利法律法规体系。《清会典事例》涵盖了清政府在治水方面的全部规定。治水措施方面，清朝的治水主要是中央层面和地方层面，同时加强对大江大河的治理，主要体现在两个方面：一是根据具体水情和往年水患情况，修建水利工程；二是在黄河、淮河、大运河等主要水域范围，设置专门的管理机构，类似“河官”“河兵”等具体管理规制，专门负责治理事务。在全国各地众多重视水利的官员中，李方膺是当时具有代表性的一位。

据安玉坤、秦若轼的《小清河的历史变迁》一文介绍，小清河为南宋建炎四年至绍兴七年(1130—1137)伪齐王刘豫所创。明初小清河上游水患频发，在清朝前期的顺治、康熙、乾隆、嘉庆年间，曾几次进行疏浚，于是小清河开始归入大清河再流入大海。清雍正八年(1730 年)，也就是李方膺来到乐安任上的第二年，皇帝谕修小清河，李方膺奉巡抚岳浚之命查勘小清河的水利情况。清乾隆三年(1738 年)，乾隆帝谕修小清河，李方膺又奉巡抚法敏之命查勘。李方膺自言其间他往来河干、河源、河口等达 5 年之久。由此可知，李方膺的这本水利著作，完全是基于实地调查及实践。清雍正十年(1732 年)，他还聘请通州诸生陈鹤龄到莒州协助治水。《崇川咫闻录》中记载：“至莒州浚小清河，筑闸坝、开水田诸善政。”

李方膺的《山东水利管窥略》4 卷，共 14 篇内容。《山东水利管窥略》封面如图 4.10 所示。李方膺曾 2 次勘测小清河受灾情况，对小清河的水利特性进行了很好的总结，并对小清河的治理提出了切实有效的意见和建议。正文书写情况如图 4.11 所示。

图 4.10 《山东水利管窥略》封面

第一卷包括《小清河议》和《小清河辩》2篇内容。《小清河议》主要介绍了小清河的地理位置、主流和支流基本情况，重点介绍了小清河的防洪形势以及治理情况。《小清河辩》主要针对有争议的5个方面的内容（如海口处的地势高低、海水是否倒灌、水势强弱、水流方向等），进行了解释和论述。第二卷包括《小清河问》和《小清河商》2篇内容。《小清河问》以一问一答的形式回答了16个水利方面的重要问题，涉及面广，数据翔实，比如入海口高程是否高于内河，海水是否会倒灌，海口之外是否有蛤蜊堵塞，高、低潮位有多高，海水咸潮上溯程度等。《小清河商》具体对小清河治理过程中的一些重要问题和技术参数的商讨进行了详细的记录。第三卷包括《小清河支》和《小清河程》2篇内容。《小清河支》指出了小清河的源头，重点介绍了10条支流的发源、流经地和入河口等。《小清河程》重点介绍了小清河的河流行程。小清河当时分为2段，上半段承章丘、长山、邹平、新城诸县之水汇为青沙泊转入支脉沟，再东流入海；下半段承接乌河、孝妇河、麻大湖、会城泊诸水至博兴湾头庄入小清河的旧河后与支脉沟合流入海。《小清河程》将每一段河长、河面宽和河深，都介绍得十分清楚。第四卷包括8篇文章，从行政区划的角度，分别介绍了小清河涉及的7个县（章丘、邹平、长山、新城、高苑、博兴、乐安）的水利情况，重点介绍了历年受灾及治理情况。

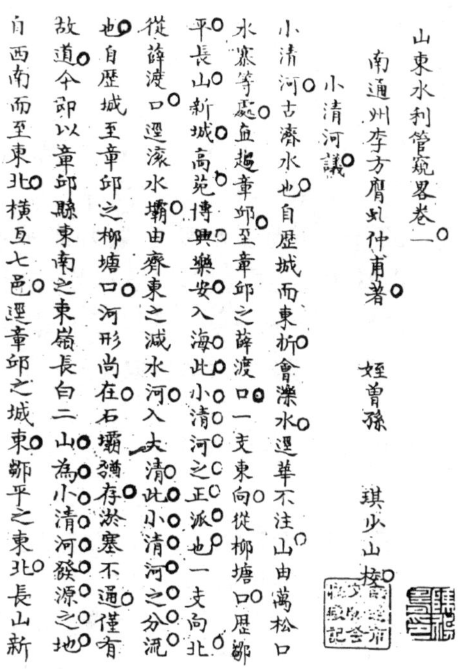

山東水利管窺畧卷一
南通州李方膺虬仲甫著
姪曾孫 琪少山校
小清河議
小清河古濟水也自歷城而東析會濼水遝華不注山由萬松口水寨等處直趨章邱至章邱之薛渡口一支東向從柳塘口歷鄒平長山新城高苑博興樂安入海此小清河之正派也一支向北從薛渡口遝滚水壩由齊東之減水河入大清此小清河之分流也自歷城至章邱之柳塘口河形尚在石壩猶存淤塞不通僅有故道今卽以章邱縣東南之東嶺長白二山為小清河發源之地自西南而至東北橫亙七邑遝章邱之城東鄒平之東北長山新

图4.11 《山东水利管窥略》正文内容

《山东水利管窥略》的写作时间距今将近300年，作者当时在水利方面的研究已经非常深入、全面，内容翔实，数据资料充分。针对小清河，该书分别从横向和纵向（即河流流域、行政区划）2个层面论述了水灾和治理情况；本书记录了河流水利基本特征值，如河长、河面宽、河深等，以及河流的特殊属性，比如入海口位置、高程、潮位高低等，同时对河流灾害治理中可能出现的重要问题也专门进行了论述。《山东水利管窥略·跋》中指出“指画六百里之形势，条陈七邑之利病”。

在写法上，文章的层次、脉络十分清楚。如《小清河问》采用问答形式，一问一答，将重要的水利问题突出出来，可以让阅读者很快知道关键问题的答案；《小清河程》将小清河分两段来写，每一段的河流走向、河长等列举得十分清楚；《小清河商》采用与人商量的口吻，将小清河治理中的重要问题和关键点进行了详细的论述，让读者一目了然。

《山东水利管窥略》4 卷成书于清乾隆五年（1740 年），他在该书卷首回忆治河、写作经历时感慨地说："上自发源之长白山，下至海口，其中湖泊、支河以及被患村庄，凡经身亲其地。水泓之浅深，河面之宽窄，悉为丈量。九县之要害，通局之蓄泄，详为相度，汇成一书，以备参考。有识者幸原其谫陋，鉴兹微忱焉。"不久，该书印版湮没，藏书家处也罕见其书，但李方膺与小清河的故事，却穿越了近 300 年历史的尘烟，仍那么鲜活如生地向我们走来。

参考文献

[1] 庄安正. 张謇导淮始末述略[J]. 江苏社会科学，1995(5)：106-110.

[2] 唐元海. 我国近代导淮史上杰出人物——张謇[J]. 治淮，1996(11)：51-53.

[3] 黄志良. 张謇与中国早期钢筋混凝土结构水闸和挡浪墙[EB/OL].（2022-01-06）[2024-05-30]. http://www.zhangjianchina.com/view.asp? keyno=4377

[4] 张军宏，孟翊. 长江口北支的形成和变迁[J]. 人民长江，2009，40(7)：14-17.

[5] 南通市水利史志编纂委员会办公室. 南通市水利志[M]. 黄山：黄山书社，1998.